47歳・モデル美香の「一生美人」本

Mika's book about beauty

小学館『Oggi』1999年7月号

» 1999

23 years old

私のキャリアの原点となった
小学館『Oggi』のデビュー号。
緊張感が伝わってきて、この写真を見ると
厳しくも愛がある現場での、無我夢中だった20代が甦ります。

歴28年、モデルひと筋で走り続ける

＼改めまして／モデル美香、「私ってこんな人」

モデルのお仕事は、もはや私の人生そのもの。〝モデル美香〟として
歩んできた28年の道のりを、この本を手にとってくださったあなたに、
改めて知ってもらいたいな。あなたの人生と重なるところ、ありますか?

» 2023

47 years old

47歳となった今、
昔よりも表情に甘さと柔らかさがあるよう。
モデルとして〝可愛い系〟をずっと求められてきたので、
その積み重ねが自然と表情や雰囲気にも表れているのかも。
28年間のモデル人生が想い出されて
涙しながら撮影したこのカット、泣き顔ですみません。

生まれてから今まで、47年間のHistory

モデル美香の〝美の軌跡〟振り返り!

Mika's beauty history

5歳

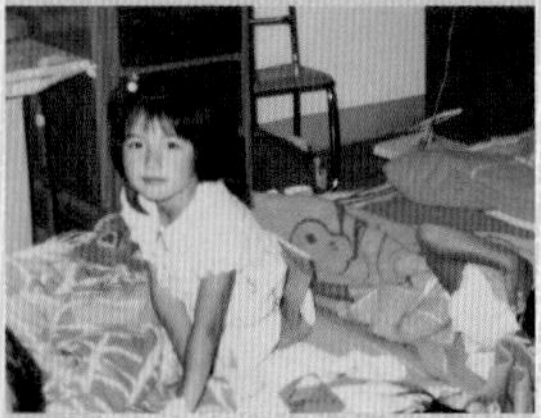

北海道室蘭市 北の国で生まれ育ちました

2歳年下の妹と2人姉妹。長身の父の影響かこの頃から背は高いほうで、背の順はいつも後ろから1、2番目。人懐っこくて知らないおじさんに飴をもらったりしていたみたい(笑)。

8歳

田舎育ちで父に似て長身 ピンク好きはこの頃から

小学校低学年。シロツメクサを摘んで、冠を作って遊んでいました。髪や肌の色素が薄くて、あだ名で〝外人〟と言われるのを気にしたことも。幼馴染とは今でも仲良くしています。

12歳

母が選んだコンサバな洋服がオシャレの原点

プリーツスカートと白いブラウスなど、母が選んだお洋服を着ていました。インテリアは母の趣味で、ドット柄の壁紙、虹色のブラインドとカラフル。〝可愛いもの好き〟の原点は母。

17歳

ギャル度ゼロの真面目な高校時代はバイトに夢中

ケーキ工場やおもちゃ屋、百貨店での催事など様々なアルバイトを経験。札幌で初めてコスメを買ったのもこの頃。当時流行っていたDIORの青みピンクリップがお気に入りでした。

20歳

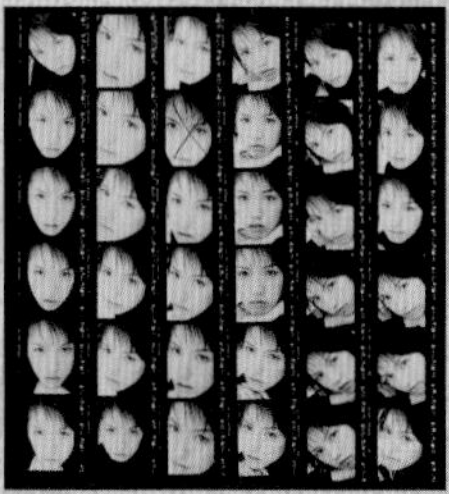

短大時代にバイトのひとつでモデルをスタート

札幌の短大に進学。スカウトされてアルバイト感覚でモデル業を始め、授業後や休日に、主に広告やブライダルショーに出演していました。写真は作品撮りしたときのもの。

23歳

一念発起して上京! すぐに『Oggi』専属モデルに

短大卒業後もモデルを続け、東京に月1でオーディションに通う日々。同級生が次々就職し焦る中、私は腰を据えてのモデル活動を決意し上京。雑誌の仕事が決まり怒濤の生活へ。

29歳

キャリアを重ねてピップ！の「スリムウォーク」でCM出演も

『ar』、『with』、『sweet』、『MISS』、『ef』の雑誌に出演。スリムウォークのCM、「モデルの美香はスリムウォーク♪」のフレーズで一躍有名に。3年間ほど出演しました。

30歳

初の自著『モデル☆美香の美人ガイド』を発売

当時『Oggi』で持っていたデジカメ連載に目を留めてくださった出版社からオファーを受け、初書籍を出版。大きな反響をいただき、第3弾まで続く人気シリーズになりました。

33歳

仕事が一段落して
7年間付き合った彼と結婚

本を出して「やりきった!」と思い、26歳から付き合っていた彼と結婚。仕事でウェディングドレスを着ることが多かったこともあり、挙式は人生初の白無垢と色打掛で。

36歳

最愛の長男が生まれました

妊娠中も仕事を続けマタニティブックも出版。姪っ子を娘のように愛してきたので、男の子だったらいいなと思っていたら恵まれました。幸せでいっぱいで、初めての子育てに奮闘。

36歳

角川春樹事務所
『美人百花』2012年6月号

出産後3か月で仕事に復帰

『美人百花』の表紙と特集12ページで復帰。まだ体型は戻っていませんでしたが、「美香ちゃん、休んじゃダメよ」という、当時の編集長の愛ある言葉に背中を押されました。

43歳

美STをきっかけにビューティまで仕事が広がる

離婚を発表し、人生でも転機を迎えた40代で『美ST』デビュー。見せ方も違って挑戦の連続で、看板企画に起用していただいたり、美容法を掘り下げてもらうオファーも増えました。

47歳

角川春樹事務所
『美人百花』2022年12月号
別冊付録「大人百花」

世代を超えて5誌に出演 今もモデルに邁進中

17年間続けている『美人百花』、『美ST』、『STORY』、『andGIRL』、新創刊した『大人百花』と、今も幅広く活躍中。様々なアパレルブランドとのコラボ商品も発売しています。

美STの史上初
モデルカバーに！
夢が叶いました♡

小学館『Oggi』2003年7月号

47歳、ありのままの私から、あなたが毎日を楽しむきっかけを見つけてくれたら幸せ♡

札幌で19歳でデビューし28年！ 四半世紀以上ですね。ありがたいことに40代の今も『美ＳＴ』、『ＳＴＯＲＹ』、『美人百花』、『大人百花』、『ａｎｄＧＩＲＬ』と世代を超えた5誌もの雑誌に出させていただいています。歳を重ねるごとに仕事の幅が広がる一方、最後に本を出したのは11年前。その間何度か出版のお誘いはいただきましたが、お断りし続けてきました。初めて出した本は、２００６年、30歳のときの『モデル☆美香の美人ガイド』。いちモデルが私生活から情報を発信することはまだ珍しい時代に、私のすべてをありったけの力で公開し、〝もうモデルをやめてもいい〟と思うくらいの熱量で制作した、原点ともいえる一冊です。大きな反響をいただいてシリーズ3まで続き、計7冊出版する機会に恵まれました。一女性としては結婚、出産を経て母に。今までの経験で本を作る大変さもわかっているからこそ、子育てと両立させながら昔

About this book...

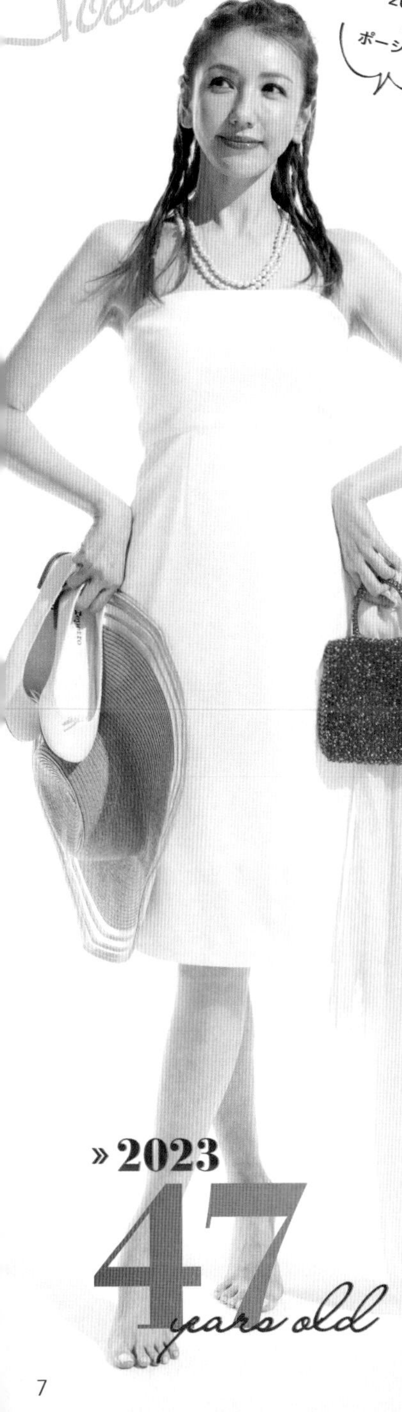

のような熱量で取り組むのは厳しいと思っていたんです。そうこうするうちに時代はＳＮＳの時代に様変わり。毎日情報発信できる世界を楽しむ中で、再び本を作ることへのこだわりを見出せずにいました。そんな２０２２年の2月。母が脳梗塞で倒れました。他にもプライベートで大変なことが立て続けに起こり、心身ともにフラフラだったときに、美ＳＴ編集部から本を作らないかと打診を受けました。「47歳の今だからこそ出せる、11年ぶりの美香本を」と。あのタイミングだったからこそ決意できたのだと思います。人生はいろいろなことがあるけれど、そんなときに現状維持で立ち止まるのは私らしくない。今の私にできることを全力でやってみようと。形のない軽やかなものに価値を置く時代。それでも私の本をいまだに本棚に置いているとの声をたくさんいただきます。だからこそ、流れ去り消えゆくものじゃない、形に残すことの意味や魅力に全力で向き合いました。年齢を重ねて美容もファッションも物事への向き合い方もますます楽しくなっている今、皆さんと共有したいことがいっぱい！初めて本を出したときの「みんなで一緒に綺麗になろうね♡」の思いは変わりません。一緒に歳を重ねてきた皆さんに、毎日をもっと楽しく綺麗に過ごすきっかけを、少しでもこの本から見つけてもらえますように！

Eye

COVER BEAUTY STORY

←真ん中のクリームシャドウをベースに、右をまぶた全体に、上を二重幅と下まぶたにのせたらキワは下のブラウンで締めて。ジルスチュアート ブルームクチュール アイズ 03

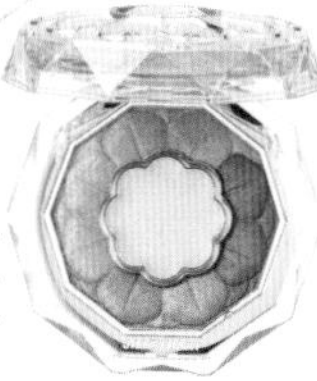

透け感あるピンクをブラウンで締めて

→より大人っぽく仕上げたいときはグレージュ系に華やかなボルドーがアクセントになった色がオススメ。ジルスチュアート ブルームクチュール アイズ 05

Eyebrow

アイブロウはふわっと柔らかく

ベースはアートメークなので、左の明るい2色を混ぜてブラシで軽くのせて、ふわっと優しい印象に。ジルスチュアート ニュアンスブロウパレット 01

今のモデル美香の大人可愛いを表現

表紙のメークにはこれを使いました！

Cheek

滲むようなピンクチークで可愛げのある表情に

↓上と右上の色を混ぜて頬に横にふわっとのせたら、左上の白を軽く重ねて透明感をプラス。ジルスチュアート ブルームミックスブラッシュ コンパクト 02

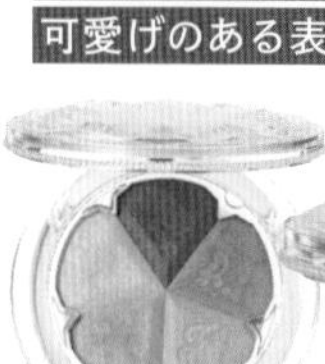

↑ブライト、ニュアンス、ハイライトカラーが1つに。シックな印象にしたいときに、落ち着いたピンクで内側から滲み出るような血色感を。ジルスチュアート ブルーム ミックスブラッシュ コンパクト 12

Lip

上品なツヤ感の好印象血色リップ

ベースのピンクリップは、ソフトマットでフォギーな質感に。チークにも使用できる2wayなので頬にも丸く仕込んで。ジルスチュアート ブルームドロップ リップ&チーク シフォン 04

発色のよいリップに、ふっくら仕上げるリップブランパーを重ねてハチミツのようなツヤをON。ジルスチュアート クリスタルブルーム リップブーケ セラム 02

シアーなピンクで
透明感と可愛げを宿して

香りマニアな美香が選んだ

Flora Notis JILLSTUART の香り4選

チェリーブロッサム

「ジューシーで生きいきとした元気さを与えてくれる香り。心地よさが長く続きます。オードパルファンCherry Blossom」

フレッシュピオニー

「クセがなくてピュア、清潔感があってフェミニン。どんな人からも愛されそうなみずみずしい香り。オードパルファンFresh Peony」

ホワイトローズ

「自分の中に秘めている女っぽさが上がる気がします。清らかなのに内側から解きほぐされるような香り。オードパルファンWhite Rose」

フレンチローズ

「恋する女子はコレ。優雅な気分、優しい気持ちを引き出してくれるような香りです。オードパルファンFrench Rose」

ジルの可愛い世界観って無条件にアガる♡

「ジルの可愛い世界観は昔から大好き! 特にFlora Notisのラインは、様々な花から抽出した自然由来成分が商品に閉じ込められていて、まるで花束を抱えているかのような自然で清潔感のある香りに癒されています♡　オードパルファンはミニサイズのボトルが夢のような可愛さで、見ているだけで気分もアガる! ヘアケア、ボディケア、コスメ、ファブリック、どれも上品で大人っぽいニュアンス。今の私の気分に寄り添うものばかり。ショップに行くたび気分も華やぎ、お友達に喜んでもらえるので、プレゼントを選びに行くことも多いです。」

コスメから生活用品まで

美香的*Favorite* JILLコスメ5選

Mika's favorite items

UV プロテクター

肌も気分もノンストレス。小さいサイズで、外出時の携帯にも重宝。センシュアルジャスミン エッセンシャルUVプロテクター SPF50+・PA++++

リペア ヘアオイル

つけ直しをしても重いルックスにならず、柔らかな髪に。香りは程よく軽く、スタイリングをキープし、ケア効果も。リペアヘアオイル フレンチローズ

シャンプー＆トリートメント

サラサラ仕上げにしたい日に。清潔感のあるセンシュアルジャスミンの香りが洗った翌日も持続し、風になびくたびに心地よい香りに包まれます。センシュアルジャスミン リペアモイストシャンプー&トリートメント

メークアップ ベース

ピンク寄りのベージュが自然で、ベーシックなみずみずしいツヤ感をプラスできます。イルミネイティング セラムプライマー UV 01 SPF40・PA+++

ファブリック ソフナー

自然な甘さで気品あるオシャレな香り。いろいろな柔軟剤を試しますが、これはヘビロテ。プレゼントにも。センシュアルジャスミン ファブリック ソフナー

CONTENTS

CONTENTS

A L L

Chapter 1

＼美香流／

楽しく可愛く歳を重ねる18ルール

より美容の効果が感じられるようになったり
好きなものがはっきりしてきたり…
歳を重ねるって、楽しいことに溢れてる!
いつも「なんか楽しそうだよね!」って
言ってもらえる私のMyルールから、
キレイのきっかけ、毎日を楽しむコツを
見つけてもらえたら嬉しいです。

Mika's Rule

1 一生可愛くポニーテールしてたい♥が美容のモチベーション

中学生の頃からポニーテール好き♡　理由は単純に可愛いから！　私のトレードマークみたいなヘアだけど、最近思うのは、ポニーテールだとフェイスラインが隠せないし、ふわりとしたおくれ毛を作ったり、つるんとしたうなじのためにシェービングしたり、ポニーテールが決まる自分でいること自体が美容になってる。前髪や生え際の産毛も気になるから頭皮ケアもするし、ハリのあるボリューム感は必須だから、サロンにこまめに行ってトリートメントもする。何歳になってもポニーテールをしてたい！　最近は真ん中くらいの高さが気分で、例えばリボンのヘアアクセを前からも見せたいときは高めの位置にしたり、下で結んで落ち着いた雰囲気にしたり、その日の服にも合わせています。ふんわり巻けているときは高め位置で、巻く時間がないときは低くするとちょうどいい。ワックスをつけすぎてペタンとならないように、ぐしゃっと無造作に仕上げるのがミカポニテ。

可愛いポニーテールのためのポイント全モーラ！

袖や肩にボリュームがあるレディなトップスのときは、髪も巻いておろすとくどく見えるので、高い位置でスッキリ。洋服のディテールも際立って、ピアス選びも楽しくなります♡

Tops : *NAVE*
Bottoms : *Mila Owen*
Earrings : *Bijou de M*

One-piece : *TW*

Fragrance

Mika's Rule 2

シーン、気分のスイッチは香りで切り替え

美香という名前は、〝美しい香りのする子に育つように〟と、祖父がつけてくれたもの。だからかな、香水、アロマだけじゃなく、ボディクリームもヘアオイルも大好き♡　香りはほんの少し纏うだけで、一瞬で気分を上げてくれる瞬発力があるから絶対取り入れています。ボトルデザインに見惚れるものも多いから、コレクションする楽しみもあります。嗅覚は五感の中で唯一、情動＝〝本能的な行動や感情〟に関わる脳にダイレクトに届くとか。一日のスタート、お出かけ、気持ちのリセットと、気分によって変えるたび、毎日の生活にリズムが生まれるから欠かせません。

ALL私物 美香の使い分けフレグランス 8ITEMS

Mika's
favorite fragrance

1:DIOR

"Miss Dior ブルーミング ブーケ ローラー パール"は、女っぽい気分にスイッチしたいときに。ロールオンタイプで、外出先でもさりげなく使いやすい。手首や首に。

2:jtu m'aime

"ジュテームH〈ジャスミン イランイラン ムスク オスモフェリン〉"は、なんともいえない甘美な香りだけどくどくない。男性の深層心理にも訴えかけるモテ香水らしい♡

3:diptyque

"ヘアフレグランス オー ローズ"は、人が大勢集まる場所で自然に溶け込み、どんな人からも愛されるバラの香り。場所を選ばず華やかさを添えてくれます。

4:KI

"KI YOU&OIL WORKERS"は、打ち合わせやオンライン会議など、気分をシャキッと切り替えたいときに。仕事の場でも邪魔しません。エッセンシャルオイルのブレンド。

5:JO MALONE

"イングリッシュ ペアー&フリージア ヘア ミスト"は、気持ちが晴れやかなときこそ纏ってもっと前向きに。アルガンオイルも入っているから、毛先に馴染ませれば髪もしなやかに。

6:FloraNotis

"フローラノーティス ジルスチュアート クリスマスローズ リペアヘアオイル"はボトルが可愛い♡限定品もチェック。髪にツヤをプラスしながら、香りが揺れて心地いい。

7:FloraNotis

"フローラノーティス ジルスチュアート フレンチローズ ボディミルク"は、清潔感のある香り。夜塗れば全身しっとり&翌朝も微かに香る。一日中香る女になれます。

8:BVLGARI

ブルガリの"ローズ ゴルデア ブロッサム ディライト ボディミルク"は、バスタイムの仕上げに。極上のバラに全身包まれるようで、癒されます。香りも長続き。

Mika's Rule 3

“鏡をちゃんと見る”って知らなかった自分探検気分

鏡でチェックすること 5か条

- ☑ フェイスラインはスッキリしてる？
- ☑ まつ毛の寝グセはない？
- ☑ 顔色は明るい？ ムラもない？
- ☑ 白目はクリア？
- ☑ 表情も肌調子もイキイキしてる？

皆さんはいくつ鏡を持ってますか？ 一日に何回鏡を見ますか？ 自然光の下、薄暗いレストランの中など映る場所、鏡の質感、縁取り、大きさによってまるで違う自分に映るのが鏡の面白いところ。ライト付きの拡大ミラーで顔を見れば美容のきっかけに！ それに、鏡は外見を映し出すだけでなく、心まで整えるツール。私自身、撮影でうまく気持ちをコントロールできなかった新人時代、トイレで鏡に映る自分を見つめ、“大丈夫。できる”と気を取り直してカメラ前に立つことがよくありました。鏡のパワーを意識していない女性が多い気がします。知らなかった自分探検、今日から是非してみてください。

One-piece : *Estella.K*

Tops : *PEACH JOHN*
Bottoms : *alexander wang*

Mika's Rule

4 私は全身磨き職人。磨いていればオーラを放てる

肌をツルッと磨くケアが昔から大好き！バスタイム、お風呂上がりは、全身の肌と対話しながら磨き職人になる至福の時。肌って不思議なもので、手をかけるとしっかり応えてくれます。お花と一緒。当たり前ですが、生きているし呼吸しています。特に首から下の皮膚は変わりやすい。毎日磨いている経験から、腕が一番変化がわかりやすいかもしれません。手をかけるほど「化粧水も、クリームまで塗ってくれるの？ありがとう♡」と、喜んでいるかのように肌が光ってくれるのがわかるはず。皮膚にも表情があって、さぼった日はしょんぼりしてたり…。一生付き合っていく自分の肌。もっちりツヤツヤにしてあげましょう！

My Favorite Items

しっかり効かせたい日に

Lekarka

しっかり効かせるレチノール美容液。肌の露出がある撮影を控えていたら、1週間前から全身に使用します。抜群のハリ・透明肌に。ファビラスA（レカルカ）

マイルドなレチノール

KIEHL'S

優しい使い心地の美容液。レチノール初心者にオススメで皮膚が薄い目尻や首にも安心して使えます。DS RTN リニューイングセラム（キールズ）

コスパ抜群優秀スクラブ

HOUSE OF ROSE

15年以上は愛用している、バスタイムに使うマッサージペースト。使うと全身の肌が白くなる! Oh! Baby ボディ スムーザーN（ハウス オブ ローゼ）

ザラつきが即つるん

Lekarka

お風呂で使って毛穴の汚れや角質を取り除くと、ポロポロが驚くほど目に見えてピーリングができます。脇までつるつるに。ラクトリバースピール（レカルカ）

全身に使うレチノール

ENVIRON

リピート必須のお気に入り。驚くほどハリが出て胸もぷるんと。左：ENVIRONモイスチャーACEオイル 右：同 ダーマラックローション（ともにプロティア・ジャパン）

見えてないまつ毛まで、かきだしてる？

Mika's Rule 5

まつ毛って、まだまだ伸びしろがあるかもしれないって、知ってた？　まつ毛って、寝グセで縮んでるときもあるし、特にキワはかきだすと毛が出てきます。最初に蒸しタオルをしたり、繊細なマスカラで毛を拾ってあげたり、朝晩コーティング剤で整えてあげると、案外本数も長さもあることに気づくはず。ちなみに、夜に塗るまつ毛美容液は、乾く前に寝るとまつ毛が折れて寝グセがつきやすいので、寝る直前じゃないほうがオススメ！

My Favorite Items

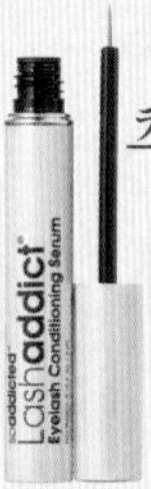

＼まつ毛強化でより長く／

ラッシュアディクト

しっかり長さを出してくれる美容液で、繊細な美しさを目指すのにマスト。ラッシュアディクト アイラッシュコンディショニングセラム（CHARIS&Co.）

＼コーティング栄養剤／

ラッシュホリック

毛一本一本にしっかりハリを出し、太くしてくれる美容液。マスカラなしで過ごす日も、目の印象がクリアに。MDコーティングエッセンス（本人私物）

＼繊細なまつ毛に毎日必須／

dejavu

こんな一本があったの?な産毛レベルのまつ毛まで絡め取ってくれるからヘビロテ。デジャヴュ 塗るつけまつげラッシュアップE〈ブラック〉（イミュ）

＼漆黒でまつ毛強調！／

LANCÔME

とにかく黒が濃いマスカラ。パッチリ強い目元が瞬時にできる。パーティーにも欠かせない。ラッシュ イドル ウォータープルーフ（ランコム）

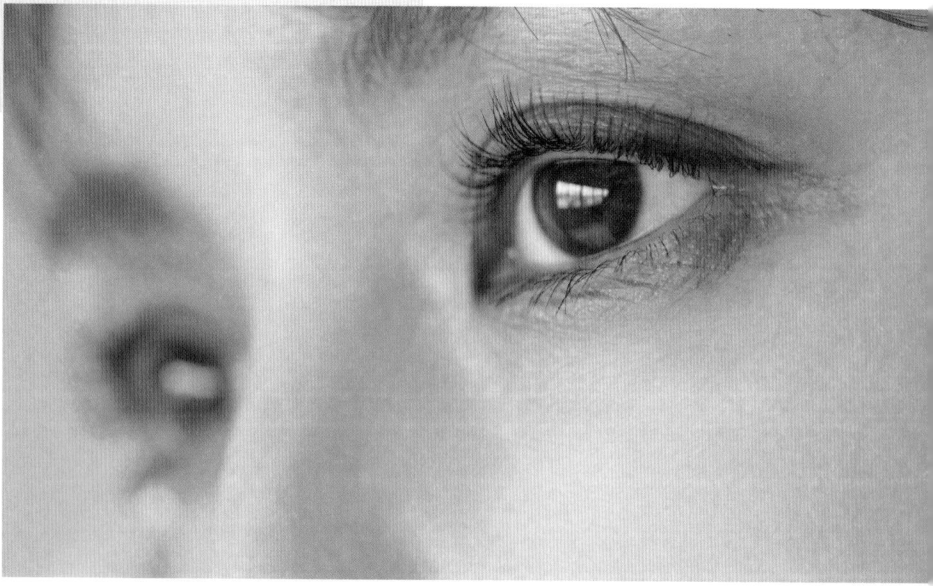

Mika's Rule 6

眉が黄金比ならそれだけで美人顔

サロンで眉のプロの手に委ね、自分の顔に対する黄金比で一度描いてもらうと、知らなかった自分の美しさに出会えるから、是非やってみてほしいことのひとつ。私はアートメークを数年前に取り入れたら、瞳のぼやけた印象がなくなり、目力がアップしたのを実感。眉の形って時代を象徴するし、顔の印象を左右するのに、自分の思い込みだけを頼りに描き続けている人が多いから、もったいない。カラーも、ピンクやレッド系をのせるだけで、今っぽく楽しめるはず！

My Favorite Items

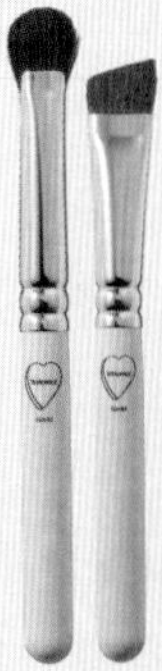

今っぽさの要は実はブラシ

WHOMEE

基本の眉は右を。左で上からふんわり色をのせて。右：フーミー アイブロウブラシ〈熊野筆〉左：同 アイシャドウブラシ〈熊野筆〉(ともにNuzzle)

超細芯だから1本ずつ描ける

CEZANNE

眉毛を描き足せるほど細い芯で、自眉のような仕上がりに。発色もよく描きやすい。超細芯アイブロウ 01 ライトブラウン（セザンヌ化粧品）

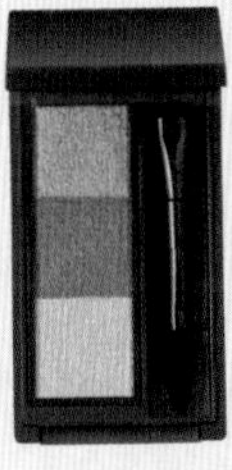

モーブ系で女っぽく

Celvoke

ピンクよりキリッと女っぽくするならレッドニュアンスを。真ん中の色を中心に混ぜると絶妙にオシャレに。インディケイト アイブロウパウダー 08（セルヴォーク）

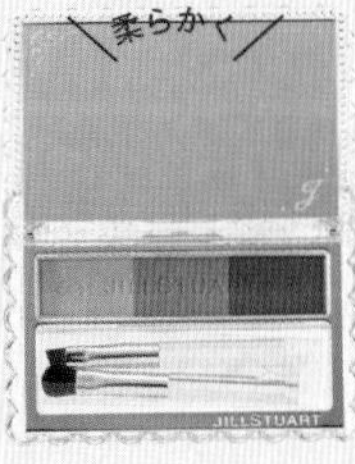

ピンクで柔らかく

JILL STUART

左の2色を使って、ほのかなピンク感が漂う眉に仕上げています。柔らかな印象が長時間続く。ニュアンスブロウパレット 03（ジルスチュアート ビューティ）

アートメークはここで！

クリスティーナクリニック銀座で施術をしている、西出いずみさんにお任せ。眉の骨格に対して黄金比を出し、表情や筋肉のクセも加味してベストなデザインに!

Mika's Rule 7

45歳からは肌より髪！ヘアケアに魂込めてます

街ゆく女性をほんの一瞬で「キレイ！」と感じるポイントは、髪にあると思います。肌以上に、顔の輪郭となるヘアスタイルが整っていて艶やかだと、佇まいまで美しく見え、清潔感があると感じるんですよね。だから髪こそ手を抜けない。美香ちゃんの髪色を真似したいってよく言われるけど、一言でこうしたよって言えなくて。美容師さんと話し合い、何度もカラー剤の調合を繰り返し、肌や目の色、ファッションに合う、透明感のある明るめの色に辿り着いています。理想のスタイルやカラーの情報を、できるだけたくさん伝えます。「お任せします」の一言では、自分が住みやすいお家が建たないのと同じだと思って美容師さんに接してみて！昨年の夏、気分転換にブリーチして傷んだけど、集中ケアして挽回。最近は驚くほどダメージを改善するトリートメントがたくさんあるから、試してみると変身が楽しいしオススメです。

美髪は最先端トリートメントで

SUNVALLEY

美髪アクアトリートメントは、艶とサラサラな手触りが戻ります。ハイダメージや加齢によるうねりや広がりに対し内部に脂質を入れ滑らかに。港区南青山5-2-12 B1 ☎03-6427-3807

MORPHO BEAUTY

モルフォケラチントリートメントは、見違えるほど変わる月1メンテナンス。ケラチンを髪の内部と表面に補充する蓄積型トリートメント。港区元麻布3-11-3 パティオ麻布十番II-5F ☎03-5843-1554

ヘアスタイルの変遷は？

トレンドに合わせてレングスは変えてきました。中でも“美香ボブ”と言われたボブは私を象徴するスタイル。明るめのアッシュベージュやグレージュのヘアカラーも昔から。今はロングヘアが定着。

手をかけただけ結果が表れるから
髪は手のかけ甲斐がある

One-piece : *YOKO CHAN*

可愛いもの、美しいものに囲まれて生きていたい

Mika's Rule 8

目に入る身の回りのもので、気分を上げられたら最高! あなたが感じていなくても、目に入るものには波動があります。私は赤や可愛いものが好きだけど、人それぞれ違う“好き!”なものに囲まれて、見えている世界で毎日心を弾ませてトキめくことを大切にして。持ち物もアイコニックなマイラッキーカラーでまとめればセンスも運勢も上がりそう♡

可愛いスイーツでテンションUP!

1.赤のギンガムチェックが時代を問わず永遠に可愛い。セツコサジテールのマイクロショルダーバッグ。2.脇に抱えるとクラッチバッグ代わりにも。全身のアクセントに。TOMO KOIZUMIのフリルポーチ。3.一目惚れして瞬時に買いました。グッチのストロベリー コインケースキーリング。4.ポップな赤の世界観が好き。PICKY THE SHOPのヘアクリップ。5.アクセントにしやすい、ディオールのJ'ADOR バレッタ ヘアピン アンティーク。6.溶けずにべたつかず粒が小さくて缶も可愛い、仏のアニス・ド・フラヴィニーのキャンディ。7.アクセサリー感覚で愛用する、フェンディのマイクロミニバッグ。8.見るたびに気分が上がるロジェ ヴィヴィエのミニバッグ。9.千鳥格子で限定商品だった、ディオールの赤リップ。10.怪我してなくても貼りたくなるフライング タイガー コペンハーゲンのハート型絆創膏。11,12,13.ヴァン クリーフ&アーペルのアルハンブラの赤のネックレス、イヤリング、ブレスレット。赤は茶やベージュ系の服にも合って使いやすい。

Mika's Rule 9

晴れていて、きちんと寝ていればなんでもOK

クヨクヨ悩むときは、天気が悪いか、寝てないか、体が冷えてるか、部屋が汚いか、このどれかのせいだと思う（笑）。何も変化のない人生なんてつまらない！トラブルも悩みも不調も、すべてを“自分のせい”だと真面目に考えすぎず、ちょっとふざけてユーモラスに吹き飛ばしちゃおう♡

Earrings：*ABISTE*

Mika's Rule 10

白を潔く着られる清潔感を持っていたい

My Favorite Items

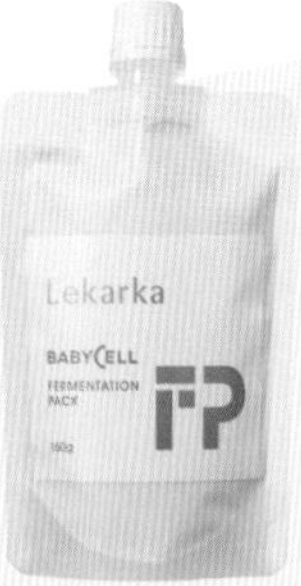

肌に優しくくすみオフ リピ買いパック

マイルドなのにしっかりピーリングできるから、リピートしてます。露出が多い撮影の前日にはデコルテまで。ファーメンテーションパック（レカルカ）

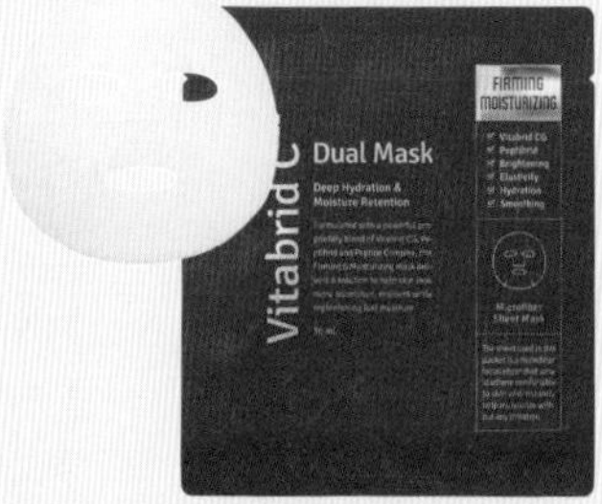

一段白くなりたい日は このマスク一択

マスクを剝がした途端、1回で「色、白!」となって驚愕。白くなりたい日はこれと決めています。ビタブリッドC デュアルマスク（ビタブリッドジャパン）

全女子のツルツル 透明肌を支える美容液

使ったことない人いないんじゃない?ってくらい、透明感を出すために欠かせない角質ケアの王様。低刺激で乱れがちな肌リズムが整う。タカミスキンピール（タカミ）

遠目でもわかる 透明感が宿る下地

近距離だけでなく遠目でもわかるほど、内側から明るい光を感じる下地。透明感は作れると宣言できる逸品。ヴォワール ルミヌ SPF38・PA+++（クレ・ド・ポー ボーテ）

White

白が大好き。女性の強さや柔らかさ、清潔感、凛とした空気…そのすべてを表現してくれる色であると同時に、何よりもその人自身を映し出す色だと思います。それだけ、着る人の内側にパワーがあって姿勢だって凛としてなくちゃ着こなせない。〝白を潔く着られる〟という基準は、美容に不可欠です。いつまでも潔く全身白のコーディネートができる自分でいたいという気持ちもあって、透明感や清潔感、美白ケアに力を入れています。そのどれもが歳を重ねていくほど失われがちだから、逆にこれがあれば年齢を感じさせない美しさにも繋がる。おばあちゃんになっても清らかな女性でいたいから、私はこれからも、何なら透明になってしまえ！なケアを続けていきます。

少しの工夫で
清潔感も透明感も作れる

One-piece : *YOKO CHAN*
Shoes : *PELLICO*

日替わりで使うのも
楽しくって続く♡

Mika's Rule 11

シートマスクはほぼ毎日！肌も心もひたひたに潤う

Sheet mask

シートマスクを侮るなかれ。私は365日ほぼ毎日朝晩楽しんでいます。サプリやキレイなお水を飲むのと同じ感覚で、浸透するのが気持ちいい。気持ちいいと毎日するから、肌が変わる。キレイになるから心まで整って、いいことしかない。使うマスクは日替わり派なので、数ある商品の違いを評論できるほど（笑）。1週間ほど集中して使うものもあれば、コスパのよさや時間重視で選んだりも。実験感覚でも意外と大きな美の収穫になる、〝継続は力なり〟美容です。

**1週間集中使いで
驚くほど白くなる**

高濃度のビタミンC誘導体配合で、日焼けした後にもオススメ。私は3～7日連続使いして集中ケアします。myEVERY フレッシュCマスク〈専用希釈水付き〉（スキンケアファクトリー）

**コスパ抜群で潤う
毎日使いに◎**

プチプラですがすごく潤う。ドライヤーしているときは顔の水分が飛ぶので、毎晩髪をブローしながら使っています。バリアリペア シートマスク なめらか（マンダム）

**5分で毛穴レス肌
時間のない朝に重宝**

使う直前に混ぜ、フレッシュな炭酸とビタミンCの力をスピーディーに行き渡らせ5分で完了。忙しい朝に。モイストストロボ シャインマスクBXC（レカルカ）

Mika's Rule 12

美肌革命はコンシーラーの使い分けから！

プチプラなのにハイカバーで頼れる

密着性もカバー力も大満足。the SAEMカバーパーフェクション チップコンシーラー 0.5アイスベージュ（本人私物）

コンパクトで持ち歩きに◎

レフィル2色を自由にカスタマイズ。コンパクトでミニバッグのときに便利。フローレスカバーコンシーラー 02×03（RMK Division）

ファンデ感覚で使えば透明感UP

色ムラカバーに。ディオールスキン フォーエヴァー スキン コレクト コンシーラー（パルファン・クリスチャン・ディオール）

柔らかさも色も絶妙クマ隠しにはコレ！

シワに馴染みヨレず最高にお気に入り! オレンジ→黄色の順で。アンダーアイブライトナー（ケサランパサラン）

顔の細部にまでフィットするブラシ

このブラシなしではコンシーラー愛は語れない名品。パンソー〈コレクチュール〉n（クレ・ド・ポー ボーテ）

カバー、ハイライトと万能なパレット

4色の組み合わせですべての肌悩みをカバーできる。トーンパーフェクティング パレット 01ライトミディアム（コスメデコルテ）

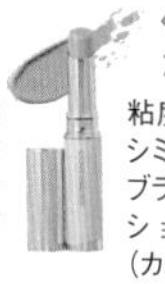

くっきりシミまで念入りに消せる

粘度があって浮き上がるシミを消すのにも最適。ブライトアップ ファンデーション Y1 SPF33･PA+++（カバーマーク）

悩みの種類、隠したい場所によって、使うものも使い方もガラリと変わって肌が見違える。コンシーラーって奥が深くて、語りだしたら止まらない！ シミ、ニキビ跡、クマ、赤みなどの色ムラ、ファンデで隠そうとすると厚塗りになるから、ファンデは薄く、もしくはノーファンデにコンシーラーで美肌作り。ポジティブにメークするために欠かせないアイテム。商品によって質感が違うので、私は場所、隠したいポイントによってだいたい1日3種類のコンシーラーを丁寧に使い分けています。

使い分ければ大人の肌の透明感が爆上がり！

Cardigan : *FRAY I.D*
Inner : *PEACH JOHN*

Mika's Rule 13

笑いの沸点は低めに！

歳を重ねたら笑ってないともったいない

一度しかない人生、みんなたくさん笑ってるかな？　最近はマスク生活が長かったから、笑う機会が減って、口角が上がりにくいと感じている人も多いかもしれませんね。毎日仕事で笑顔を求められる私も、お正月休み明けなどは練習しないと口角が上がりにくくなっているのを実感します。人は笑顔の回数を増やしておかないとどんどん笑顔が少なくなるんだと思う。だからこそ、小さいことでも普段から笑っていたい！　笑いの沸点は低くていい。よく周りからも、こんなことで笑うの？って言われるけど、少しのことにも笑いの種を見つけて笑っています。そして人生全体についてもそれは同じ。生きていたら嫌なこと、辛いこともあるけれど、一度とことんまで考え抜いたら、ふてくされずにネガティブな経験も笑いに変えて生きていきたい。私もこの世で最愛の息子にとっていいお母さんでいられているか正直自信はない。でもとにかく笑顔でさえいれば一緒にいる人も、息子も、幸せな気持ちではいてくれるだろうから、せめていつも、ゴキゲンな笑顔でいる人でいようと思ってます。

嫌なことがあっても
笑ってれば
いいことある

Jacket & Bottoms : *NAVE*
Inner : *Hanes*
Jewelry : *Bijou de M*
Shoes : *JIMMY CHOO*

ヒールが似合う足首が
オーラを放つ、のかも

Mika's Rule 14

生き方は体の裏側に出る。例えば**足首**

ある日地下鉄の階段を上っているとき、目の前をゆく女性の美しい足首に目が釘付けになりました。引き締まったライン、ツヤツヤに磨かれた足の後ろ側の皮膚に、その女性の生き方が透けて見える気がして…。他人から見えないと思っているところこそ実は見られていて、マニアックかもしれないけど、最近は体の裏側までピカピカに磨くのが楽しい。そんなふうにケアして、女性らしさの象徴のハイヒールが、素足でいつでも履ける足でありたい。メンズライクな服を着ていても、パンツから覗く足のほんの10cmに、女性らしさも、生き方も宿ると信じています。

Mika's Rule 15

女らしさって、仕草に出ると思う

＼指先までしなやかな動きが美を語る／

美人は生まれつきではなく、作られるもの。私も話すと盛り上がりすぎて、つい早口で話すことがあるけれど、もっと仕草まで美しい女性でいたいとたまにハッとすることがあります。女性は姿勢や、手指のしなやかでゆっくりした動きのような、何気ない仕草や佇まいに、オーラが見え隠れする瞬間があるんじゃないかな。そんなことを考えながら、タクシーを停めるときに、姿勢を崩さずふわっとたおやかに腕を上げてみたり。目指せ仕草美人！気をつけているのは、指先までとにかくゆっくり動かすこと。それだけで、細部まで気の行き届いた人に見えますよ。

20代より緩い食生活。でも体型は変わりません

Mika's Rule 16

体重50〜52kgが今の私。体重が増えてもいいじゃない! 若い頃は肌荒れの悩みもあり今より精神的にストイックで、エブリデイ鍋! なんて銘打って、家でも外でも野菜中心の生活。ストイックな自分じゃないとダメという思い込みがありましたが、明確な理由はわからないけれど、ある日肌悩みから解放されたとき、同時に体との向き合い方も変わりました。20代の47kgより3〜5kgは増えてるけど、年齢的にも少しだけ丸みがあったほうが艶やかでいられます。体重より体型。体重は増えてもサイズはキープ、お肉や玄米に甘いものも程よく食べて、昔より食生活を楽しんでいます。でも着たい服を着られる自分でいたいから、体重計に乗らなくても、体が重く感じたら敏感に察して、こまめに軌道修正。自分に合うバランスの取り方を見つけるのが、一番の秘訣かもしれません。

Cardigan : *FRAY I.D*
Inner : *PEACH JOHN*
Bottoms : *alexander wang*

47歳の今が、自分史上
一番好きなカラダ

Tops: *styling/*
Earrings: *carat a*

息子を産んだとき、今まで感じたことのない、言葉では言い表せられない感情を抱きました。独身の頃は、仕事でも恋愛でも愛されることに重きをおきがちでしたが、息子への愛はミラクルな、初めて知る「愛する喜び」でした。その息子が11歳になり、ふとしたきっかけからおうちにワンコを迎えることに! 名前はtia。可愛くて可愛くて、息子のお陰でまた、今まで知らなかった新しい愛情を感じています。結局人生は、家族はもちろん、友達、仕事仲間…と山ほどの愛のなかにある。その愛に気づいていれば、幸せな気持ちでいられるじゃない。47歳の今、愛されるより愛する喜びが、私の生きる原動力です。

Mika's Rule 17

大人になったら、愛されるより〝愛する喜び〟

Mika's
Rule

18 趣味、自分！

憧れの人は？と聞かれることがあるけれど思い浮かばなくて、いつだって自分に夢中です。でも自意識過剰っていうのでもなくて、失敗することもあれば、マイナスな感情になることもたくさんある私。でも完璧を求めず、ダメなところも含めて自分！したいと思うことを基準に、仕事も、毎日の生活も、美容も、ファッションも選んでいます。自分が満たされると、人に〝与える〟心の余裕ができ、毎日笑顔でいられる気がするから。巡り巡って周りの人のためにもなっているはず！自分を愛さないで誰を愛するの!?　すべての愛が始まる原点〝自分〟を、可愛がっていこうね。

Tops : *ZARA*
Bottoms : *styling/*
Jewelry : *Bijou de M, MAM*
Shoes : *CONVERSE*

Chapter 2

Beauty, Fashion, Hair...

24時間・春夏秋冬
美香ライフ全部見せ

お洋服もコスメも、歳を重ねた今のほうが
日々情報をアップデートすることが
楽しくて仕方ありません。
よくご質問いただくファッションやコスメ、
今のリアルな愛用品を大公開!
あなたにとっての「これいいね!」が
見つかりますように。

Routine

モーニングルーティン&1Dayスケジュール

その日の予定に合わせ、メークのりがよくなるよう透明感あるふっくら肌作りがメイン。ストレッチと美顔器で、むくみを取りスッキリしてから出発。仕事の後はメンテナンスや買い物をして息子が帰宅する17時には私も帰宅。

6:00

朝食は玉ねぎ麹やルルミルク&ヨーグルト

腸活は美肌と健康の源。手作りで簡単、常温発酵した玉ねぎ麹でスープに。料理も美味しくなります。発酵性食物繊維のルルミルクもフルーツナッツヨーグルトにかけて。

7:00

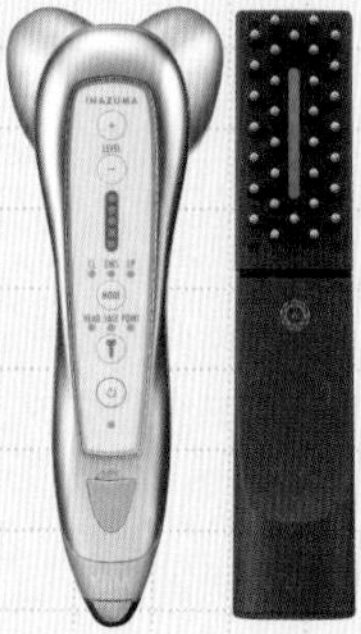

お出かけ前の朝美容で仕事モードに

肩や背中をストレッチ&美顔器で頭皮や首をケア。滞りを流してリフトアップ。右：デンキバリブラシ®2.0＋ボディ（GMコーポレーション）左：INAZUMA（山口ビューティーメソッド）

息子のお弁当作りは炭酸パックタイム

洗い流す必要がなく剥がすだけ。朝スキンケアの前に血流を上げて透明感UP。左：Bambi ウォーターフェイスジェルパック（ラングレー）右：プレシャスジェル パック（EKATO.）

MUSUBIのランチベルト♡

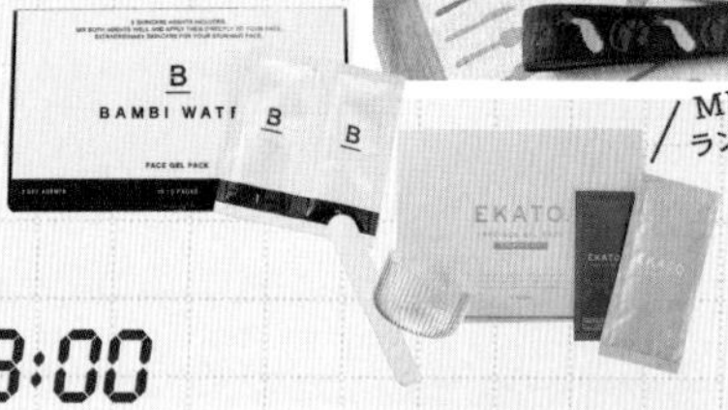

8:00

息子を送り出してAM〜昼は撮影

8:30〜9時スタートで撮影へ。撮影の合間にランチも。ヘルシーな人気ケータリング、可愛くて映えるロケ弁も毎回楽しみ。スタッフとの何気ない会話が美容情報の交換の場に！

8:30

14:00

14:30

仕事の後は美容メンテ

息子が帰宅するまでの数時間、美容院やサロン、クリニックで自分を整える時間。打ち合わせやミーティングが入れば、合流も。美容院には3週間に1回は通います。

16:30

帰宅前に食材などの買い物を

17:00

息子の帰宅前に家へ帰って家事タイム

肌を目覚めさせる モーニングスキンケアはコレ

1 ビタミンCセラムで透明感を底上げ

その日の気分と肌に合ったブースター（P.49参照）の後に。必ず塗ってから5分置き、肌の奥深く浸透させる時間をとります。CF セラム アドバンス（レカルカ）

2 明るい肌に導くセラム

グルタチオンでワントーン上げて&透明感も。まぶたギリギリまで攻めて塗れるので、目元のくすみにも◎。ステムブライトエッセンスL（レカルカ）

3 幹細胞セラムでハリ肌に

使用感がさらっとしているのに、潤わせながらキメを整えハリ肌に。穏やかなレチノールに似た効果のバクチオールを配合。シムセラム EX（レカルカ）

4 幹細胞クリームで再生力まで

美容液と同じように、キメを整えながらハリを与えるクリームを重ねます。オリーブ果実エキスなどの肌荒れ防止成分も。EX クリーム（レカルカ）

5 UVカット機能も心強い乳液

ヘビロテ中のロングセラー。首まで塗ります。エマルションプロテクトゥリス n SPF25・PA+++（クレ・ド・ポー ボーテ）

6 極上肌に仕上げるクリーム

かさついているときのみ重ねます。塗り終わった後の肌の輝きと柔らかさがクセに。夕方までリッチに潤います。アプソリュ ソフトクリーム（ランコム）

7 凛とした目元に導くアイクリーム

目元にふっくらツヤとハリが出るので、朝晩手放せないマストアイテム。滑らかでコクのあるテクスチャーが好き。アプソリュ アイクリーム（ランコム）

睡眠ファースト！なナイトルーティン

夜のケアは潤いチャージと肌を立て直すことを意識。バスタイムは熱めのお湯に20分程度。続くボディケアは時間をかけて丁寧に磨く至福の時。20:30からは1人飲み♡　お酒は週に2〜3回ほど飲みます。翌朝の撮影に備えて21:30にはベッドへ。

18:00

就寝時間が早いから夕食も早めに

野菜は種類豊富に、炭水化物は控えめなメニューで、18時頃の早めの夕食に。友人と外食をするときは、17時頃集合し20時には帰宅できるように計算しています。

19:00

バスタイム〜ボディ磨き

20:30

至福の飲みタイムでゆるりと

好きなお酒をいろいろ調達して気分で選び、少しだけおつまみと合わせて飲む、就寝前の1時間。息子と会話したり、美香本や仕事のアイデアを考えたり、インスピレーションが冴える大切な時間です。

21:30

そろそろ寝る準備を整えて

22:00

基本は早寝、8時間睡眠を死守します

肌を守って育む**ナイトスキンケア**はコレ

1 保湿成分を補給しやすい肌に

気分と肌調子で選んだブースター（P.49参照）の後に、これでひたひたに♡　ハリが出ます。ENVIRON C-クエンストーナー（プロティア・ジャパン）

2 バシャバシャと潤いを蓄えます

コスパ最高の国民的化粧水で、ひたひたに潤わせます。Iのテクスチャーが好き。エリクシール リフトモイスト ローション SP Ⅰ（資生堂）

3 仕込んでおきたい美白美容液

資生堂の研究を信じています。美白美容液でも肌もっちりの使用感がお気に入り。HAKU メラノフォーカスEV（資生堂）

4 睡眠中にハリを補充

レチノール含有レベルに合わせて1〜4の4種類。私は2を愛用。皆さんも肌レベルに合わせて使ってね。ENVIRON C-クエンスセラム 2（プロティア・ジャパン）

5 レチノールクリームをセラムとW使い

次の日のハリを求めるならセラムとセットで使うと効果的。より多くの美容成分を補給できますよ。ENVIRON C-クエンスクリーム（プロティア・ジャパン）

6 極上肌に仕上げるクリーム

かさついているときのみ重ねます。塗り終わった後の肌の輝きと柔らかさがクセに。リッチに潤います。アプソリュ ソフトクリーム（ランコム）

7 凛とした目元に導くアイクリーム

目元にふっくらツヤとハリが出るので、朝晩手放せないマストアイテム。滑らかでコクのあるテクスチャーが好き。アプソリュ アイクリーム（ランコム）

肌と対話してその日に必要なお手入れを

最初につける**ブースター**はお悩み別が絶対！

くすみ

くすみが気になる日はマイクロ炭酸で血流促進

今日は顔色が悪いなと感じる日はこれ。明るさと透明感ある肌に生まれ変わります。アルブラン ザ ファーストエッセンス〈医薬部外品〉（花王）

乾燥

乾燥が気になる日はリッチな先行美容液

乾燥してるかもと感じたら、製薬会社が作ったナノカプセル技術で保湿強化。ザ マイトル エッセンス（TAISHO BEAUTY お客様相談センター）

毛穴

ざらつきや毛穴は角質美容液でオフ

毛穴の開きが気になるときは、ピーリングで代謝を高めてつるんと。長年愛用するロングセラー。タカミスキンピール〈角質美容水〉（タカミ）

ハリ

ハリを出したいときは幹細胞ブースターで

肌が弱っていると感じたら、不死化された幹細胞成分の力を利用した、メディカルコスメに頼ります。KUJIME FUSICA SERUM（共立ドクターズラボ）

一品投入スキンケアはその日の肌と対話してセレクト

時短

時短ケアに史上ベストなオールインワン

今まで使ったオールインワンで一番好き！一本でもつるつるに。ダチョウ抗体と3つの植物性幹細胞を配合。m_l_nオールインワン モイストバランシングセラムN（MK3&Co.）

日焼けケア

うっかり日焼けの救世主的存在のマスク

リゾートで日焼けし赤く炎症した肌が10分で鎮静し、「神！」と感動。ホワイトニング効果もある万能マスク。イラストリアス マスク（CHRISTINA JAPAN）

クレンジング

落としながら潤うふき取りクレンジング

ふき取るだけで保湿しながら、キレイにオフできて、疲れた日に手が伸びる。ないと困る一本。オーミセラーデマキアントヴィサージュ（クレ・ド・ポー ボーテ）

ゆらぎ

肌がゆらいだら手に取る美容乳液

なんか肌の調子が悪いなというとき、思わず手に取る名品。肌を整えたい日の救世主。エコロジカルコムパウンド アドバンスト（シスレージャパン）

＼美容施術後のダウンタイムに／

鎮静

EGF配合の細かいミストで傷を回復

ダウンタイムで「今日は何もつけないでください」と言われた日にもOK。ゆらぐ肌に手軽に潤いを補給できるミスト。モイストシャインミスト（レカルカ）

鎮静

修復効果抜群のクリーム

レーザー治療をした日の夜、真っ白になるほどたっぷり塗って就寝。アフターケア次第でダウンタイムは短く。MESS CREAM シゾビリンセルラーメスクリーム（CIVASAN JAPAN）

鎮静

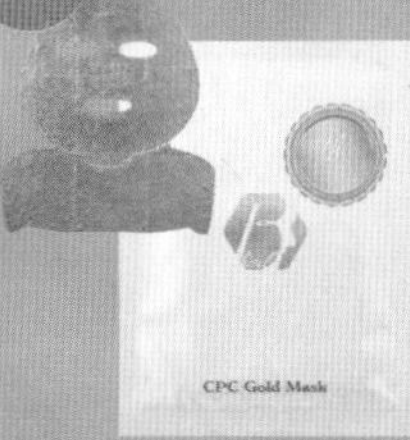

鎮静効果が高く安心して使えるマスク

レーザー施術後に使ってもOKなシートマスクとして、肌の鎮静効果が抜群です。首までカバーできてフィット感もいい。CPCゴールドマスク（ドクターズコスメYC）

ボディも顔と同じようにケア♡

ハンド

寝る前のハンドケアに先行美容液

ベッドルームでのハンドケアは就寝前の儀式。これを塗り始めてから手肌がふっくら透明感もUP。FATUITE ブライテスト ファースト エッセンス（FATUITE）

ハンド

潤いとビタミンCをハンドにたっぷり補充

使用感が重すぎないのにしっかり潤うので、就寝前にも使いやすいです。美白効果も期待できます。ホワイトCエッセンスローション（潤子ララビュール）

ハンド

最後にハンドクリームでフタを

就寝時は、ベタつくと寝具にくっつくので、さらりとしながら保湿効果が高い商品を。シスレイヤ インテグラル コンセントレート ハンド SPF30（シスレージャパン）

デリケートゾーン

デリケートゾーンの保湿に

ベタベタせず心地よくてリピート中。香りも◎。植物性由来100%、アルコール・防腐剤・合成着色料フリーで安心。VOOM INTIMATE OIL（Virgo）

首

首美人を目指したい人にオススメ

首やデコルテに塗ると輝きが変わります。首を褒められるのはこのおかげかも。シワのストレッチ効果もあるとか。少量でよく伸びるところも◎。ホワイトCリンクルセラムEX（潤子ララビュール）

全身

ベタつかず潤う使い心地がボディに◎

重すぎず、軽すぎないテクスチャーは毎日のボディケアに最適。リポソーム化された幹細胞とビタミンC誘導体の力で確かな美肌効果が。ステムボーテ ローション（エムコーポレーション）

ざらつきケア

甘い香りに癒されるスクラブ

香りがたまらなく好きで、うっとりしながら使った後は肌がツルツルに。しっとり感がやみつき。ボディスクラブチェリーブロッサム（ラリン ジャパン カスタマーセンター）

手をかけただけ
変わるのが楽しい♡

Mika's face

ポイントは目とリップ

キホンの美香顔全解剖!

薄ピンクな目元と
リップが主役

ちょっと伊勢丹にお買い物に行くくらいの、なんでもない日にするセルフメークを再現! 私は日々プロにメークしてもらう中で、「コレいい!」と思ったらすぐ取り入れるタイプ。自分らしさはもちろん大切だけど、今っぽさも取り入れたい! 日々、挑戦あるのみです♡

ALL愛用品！ 今の美香顔に欠かせないコスメたち

下地

顔全体に塗るトーンアップ下地

2種類のパールの光拡散効果で、自然に発光するような肌に格上げするトーンアップベース。ディエム クルール プライマー SPF37・PA＋＋＋（ポーラ）

下地

毛穴カバーにこの下地を部分塗り

毛穴や小ジワなどをなかったことにしてくれる神下地。部分的に塗ります。ステップ1プライマー ポア ミニマイザー（メイクアップフォーエバー）

下地

小さな色ムラをブルーでカバー

くすんでいる箇所にチップでのせると透明感がUP。伸びがいい下地。プリズム・リーブル・スキンケアリング・コレクター（パルファム ジバンシイ）

ファンデ

透け感とカバー力が両立したファンデ

素肌っぽい自然な仕上がりなのにしっかりカバー。上品なツヤに感動。スック ザ リクイド ファンデーション 115 SPF15・PA＋＋（SUQQU）

コンシーラー

コンシーラーは2色使いでクマ撃退

目の下のクマやくすみに、最初にオレンジを置いて、イエローをのせると絶妙な明るい表情に様変わり。アンダーアイブライトナー（ケサランパサラン）

コンシーラー

伸びの良いコンシーラーをシミや色ムラに

カバー力も密着感も抜群で、厚塗りになりません。ディオールスキンフォーエヴァー スキンコレクト コンシーラー（パルファン・クリスチャン・ディオール）

パウダー

透明感パウダーでふわっと仕上げ

テカリを抑えて透明感のある滑らかな肌に。毛穴の凹凸感までソフトフォーカスします。イルミネイトパウダー ルミナスパープル（レカルカ）

眉

オレンジピンクの優しい眉に

真ん中と左の色をのせるだけで、オレンジがかったピンク系の眉に。ふんわり感が今っぽい。ニュアンスブロウパレット 03（ジルスチュアート ビューティ）

眉

極細眉ペンシルで毛を1本ずつ描き足し

眉尻や眉頭などを繊細に仕上げ、軽く描いても発色がいい。ウォータープルーフなのもありがたい。超細芯アイブロウ 01（セザンヌ化粧品）

アイシャドウ

使いやすいサーモンピンク

アイシャドウはやっぱりピンクで！ 品よく愛らしい絶妙な4色で、大人の肌に溶け込み洗練された目元に。シグニチャーカラーアイズ 04（SUQQU）

アイライン

パールブラウンで締めるアイライナー

ツヤ感と濡れ感で目元が一気にオシャレになります。ウォータープルーフでパール落ちしません。ココロイキ アイデザインライナー 02 セピアブロンズ（邑（ゆう））

アイライン

影色アイライナーで目元の立体感UP

下まぶたに薄ブラウンのアイライナーを入れると、目が丸く大きく見えて立体感のある目元に。仕込まないと印象が違う！ セザンヌ 描くふたえアイライナー 10（セザンヌ化粧品）

アイライン

涙袋用アイライナーで目元をクリアに

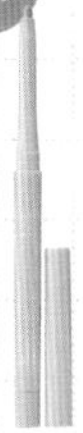

狙ったところに明るい色をのせやすい。目尻の三角の影に。BBIA LAST AUTO GEL EYELINER 11 リネンベージュ（BBIA Official_JP Qoo10店）

アイシャドウ

キラキラが華やかなアイシャドウ

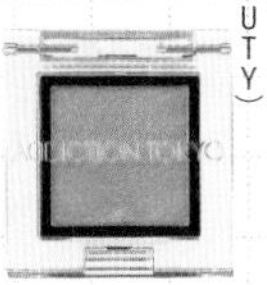

存在感のある大きめラメは、涙袋と黒目の上に。アディクション ザ アイシャドウ 012SP（ADDICTION BEAUTY）

マスカラ

まつ毛を掘り起こす繊細マスカラ

目のキワからブラシを縦にして掘り起こしながら塗ると、なかったはずのまつ毛が出てきます。デジャヴュ 塗るつけまつげラッシュアップ（イミュ）

チーク

ピンクベージュ系のチークが上品

薄づきで肌馴染みがよく、ナチュラルメーク向き。コンパクトで携帯用にも◎。エレガンス カランドゥ フェイス BE401（エレガンス コスメティックス）

ハイライト

パウダーハイライトでシルキーなツヤをON

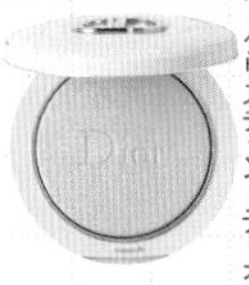

偏光パールピグメントでどの角度から見ても艶めく肌に。ディオールスキン フォーエヴァー クチュール ルミナイザー 02（パルファン・クリスチャン・ディオール）

リップ

ペンシルリップで輪郭をまず描いて

少し濃いめのカラーで、オーバーサイズに輪郭を取ります。ヴエロア エクストリーム マットリップスティック 17（コントロール）（ローラ メルシエ ジャパン）

リップ

主役になる上品なピンクリップ

オフィスでもお出掛けでも場所を選ばない華やかピンク。色落ちしにくい。ルージュ アレーブル マット 115ピンク ハニーサックル（クレ・ド・ポー ボーテ）

リップ

ぷっくりふっくらリッププランパー

リップの仕上げにふっくらとツヤをプラス。表紙メークにも使用。クリスタルブルーム リップブーケ セラム 02（ジルスチュアート ビューティ）

肌作りは丁寧なステップを踏んで

悩みに合わせてコンシーラーを使い分け

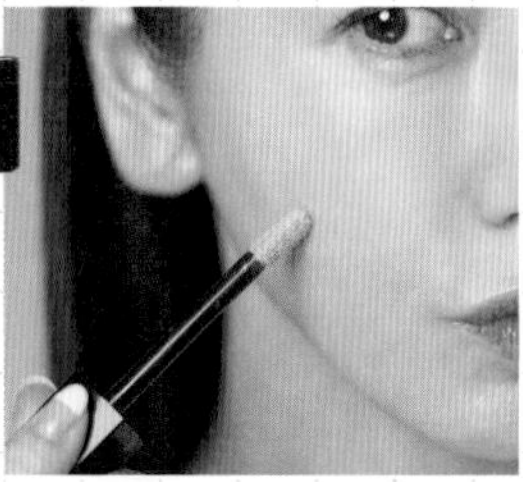

左のケサランパサランはオレンジ→イエローの順にのせてクマを撃退します。右のディオールはチップ使いで細かなシミを狙って消してと、目的別に使い分け。

紫のパウダーでテカリを抑えて

全体にレカルカの美容液パウダーをのせて、透明感を底上げ。粒子が細かく溶けるように肌に馴染むので、ベールで被われたようなシルクタッチの肌に。

全顔にポーラの下地でツヤを仕込んで

トーンアップ下地は顔全体に塗ります。これは不自然なギラつきがなく、とてもナチュラルなツヤ肌に。プロのメークさんからの人気も高い商品です。

毛穴が気になる人に全力で推します

メイクアップフォーエバーの下地を、小鼻の周りやニキビ跡、毛穴の凹凸が気になる箇所に、トントンと指で叩き込みます。滑らかなディテールを作ります。

目元のくすみは青み下地でクリアに

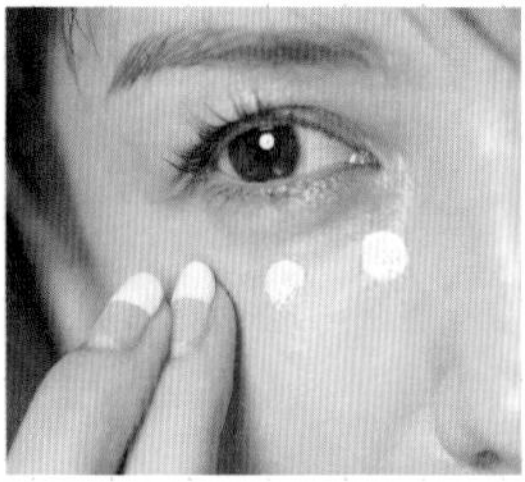

目の下のクマなど色ムラが気になるところに、ジバンシイのブルーの下地をチップで数か所置きます。指先で馴染ませて叩き込むと、透明感がUP。

ツヤ肌作りの基本はリキッドファンデ

滑らかさ、ツヤが極上で、薄づきのスックのリキッドファンデは名品。シアーなのにカバー力もあるから不思議議。指で満遍なく、中央から外側に伸ばします。

ナチュラルに整った
ベースメーク完成♡

アイメークは柔らかさとピンクがキーワード

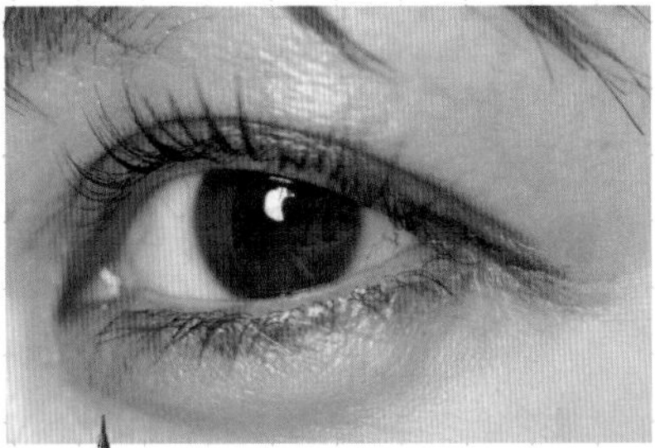

ブロンズが煌めく アイラインは目尻長めに

ココロイキのリキッドアイラインで、まつ毛の生え際を埋めながら、目尻まで長めに引きます。しっかり引いても、パールブラウンならキツく見えないのでオススメ。

▼

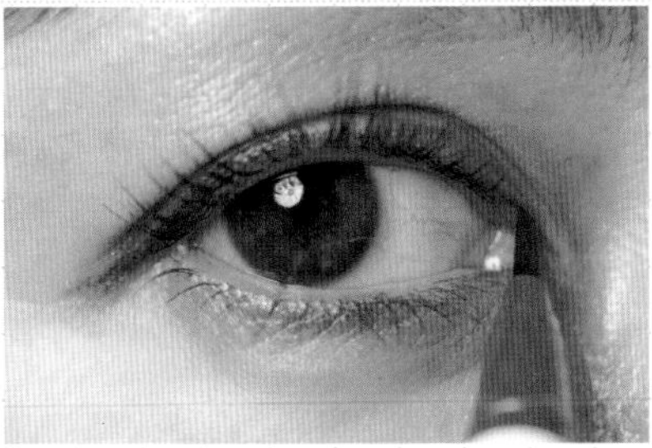

目頭のキワまで アイラインを入れます

曖昧になりがちな目頭のキワにもきちんとアイラインを引くことで、目がはっきりして印象が大きく変わります。パールを含んだブラウンだから、抜け感があって自然。

▼

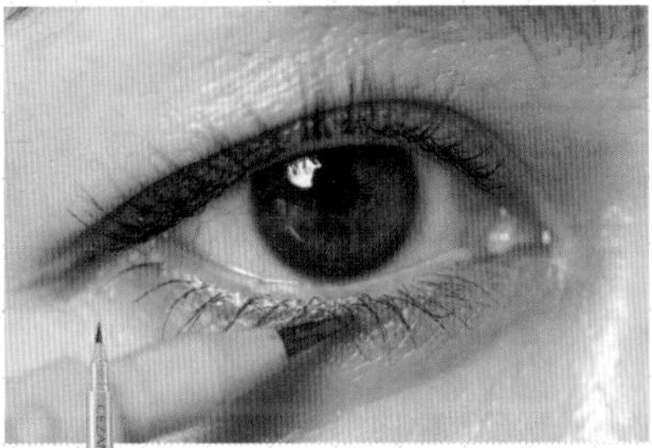

影色を仕込んで より大きな目元に

下まぶたのまつ毛の生え際には、セザンヌの影色のブラウンアイライナーを入れます。薄づきなので自然で、ニュアンスが出て目の印象が俄然はっきりと大きく。

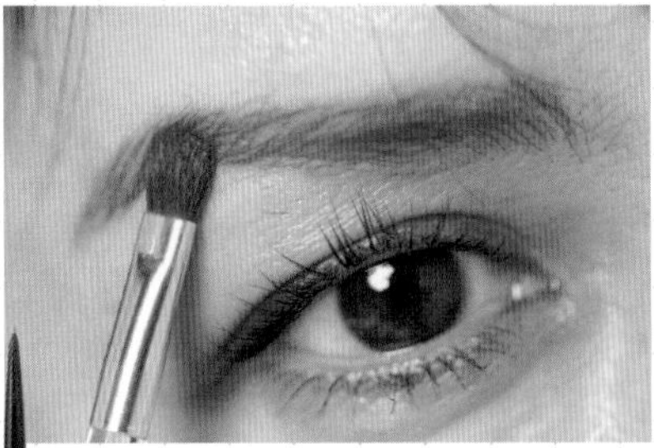

ペンシルとパウダーで 眉はキリッとふわっと

眉毛は土台にアートメークをしています。眉頭や眉尻の空白にセザンヌの極細ペンシルで1本ずつ眉毛を描き足し埋めます。ジルのパウダーは左の2色をのせてふわっと。

▼

透け感のあるサーモン ピンクのグラデアイに

上まぶたには、スックのシャドウ04右上のサーモンピンクを、二重の部分は濃く、アイホール全体にはほんのりとグラデーションになるよう塗ります。

▼

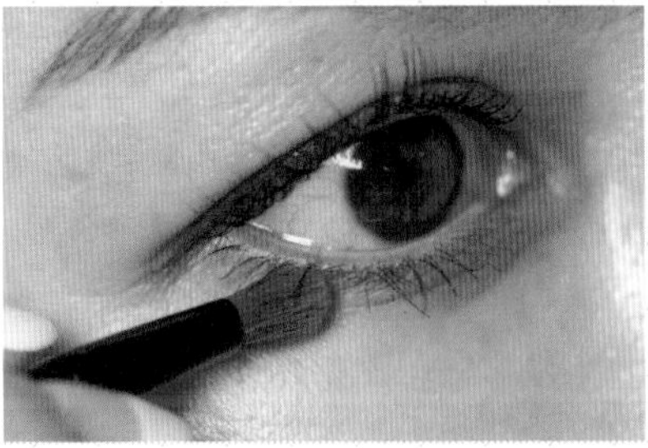

下まぶたの涙袋に くすみピンクを

涙袋には、スックのシャドウ04の左下のカラーを優しくのせます。自然な血色感のようなワントーンでまとまり、上品で優しい印象です。目も大きく見える気がします。

最後に全体のディテールを整えます

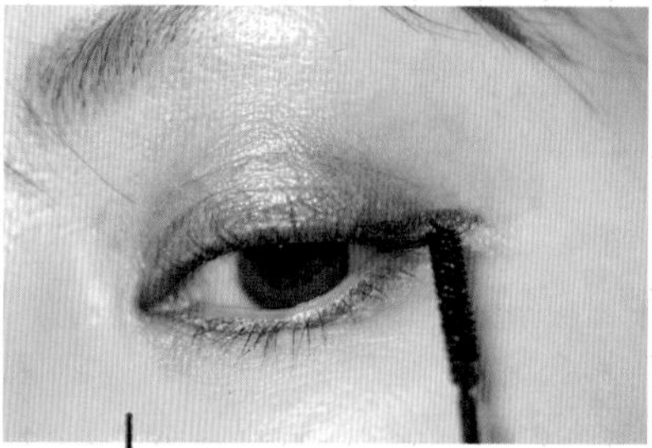

マスカラはまつ毛を掘り起こすように

デジャヴュの名品、極細マスカラで、目尻のまつ毛に対しブラシを縦にしてまつ毛を掘り起こすように塗ります。まつ毛を全体的に上向きに、セパレートさせて。

チークとハイライトで血色とツヤをプラス

エレガンスの薄づきなベージュピンクのチークを、ブラシで頬の中心から外に向かってのせて。仕上げにディオールのハイライトパウダーで発光感を出して締めます。

リップは3品重ねて色落ちなし

ライナーでオーバーサイズに輪郭を引き、1回ティッシュオフして色を落ち着かせます。内側をクレポの口紅で埋めたら、リッププランパーでツヤを足してボリューミーに。

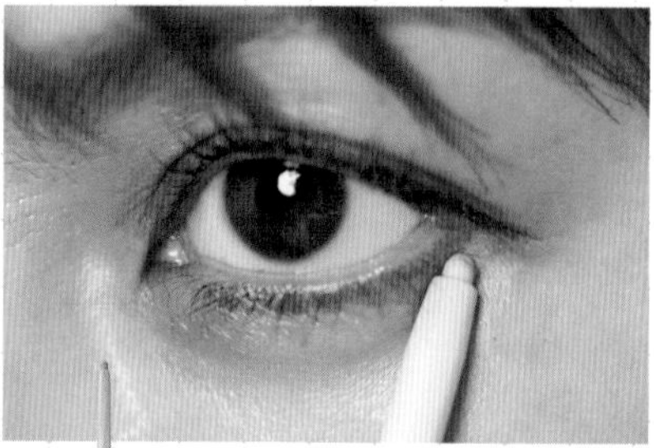

目尻の三角の影までクリアで明るく

どうしても涙でメークが落ちて暗くなりがちな目尻の下側。BBIAの涙袋用ライナーのリネンベージュが優秀。目尻の三角地帯に塗ります。

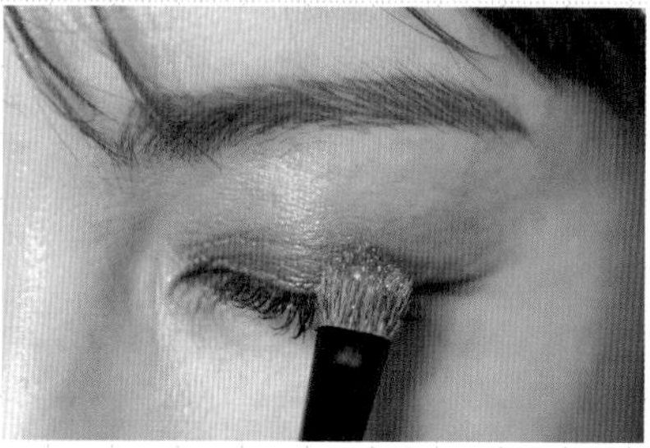

上まぶたにキラキラを仕込みます

平筆のアイシャドウブラシで、黒目の上になる位置に、アディクションの大きめなラメシャドウ012をちょんちょんとのせます。目が大きく見え印象的に。

下まぶた全体にもキラキラを少量

同じブラシで、下まぶたにもアディクションのラメシャドウをのせて。目の印象が華やかになって、瞳にまでうるうるな輝きが宿ります。涙袋までぷっくり見えます。

大人可愛く印象的な
美香メーク完成♡

Tops : *LILY BROWN*

他にもこのコスメがお気に入り♡

ピンクをオシャレに 決めるならこれ

甘めピンクというより、オシャレピンクな気分の日はコレ。マットな質感で洗練された目元に。ヴァティック アイパレット 02（セルヴォーク）

色の組み合わせが最強 登場頻度も高い一品

オレンジとピンクの組み合わせと、シアーな発色とラメ感が最強に可愛くて大好き。一番よく使ってます。ルナソル アイカラーレーション 13（カネボウ化粧品）

メーク苦手さんも 使いやすい馴染み色

フレンチローズの優しげな血色ブラウンは肌馴染み抜群。メークが苦手な人でも重ねるだけでナチュラルでエレガントな印象に。イプノ パレット 18（ランコム）

顔色補整には オレンジ色 の下地

顔色が悪い日に、明るく修整する力が抜群の頼れる一品。オレンジだから馴染みもよく、透明感も出ます。グロウリフティング ベース BE900 SPF25・PA+++（エレガンス コスメティックス）

漆黒ラインで 目元が 引き締まる名品

強く凛とした目元に欠かせない漆黒ライン。これ以上艶やかな黒はない！ 極細筆が細くも太くも描きやすい。イドルライナー ウォータープルーフ（ランコム）

キメすぎないのがポイントな
美香ヘア全解剖

特段予定はないけどふらっと出かける日…買い物してお洋服を試着したり、息子と食事したりと意外とアクティブなもの。そんな日のヘアスタイルは決めこみすぎず、自然に髪をかきあげてサマになるくらいが理想的。どんなスタイルにも合うようなゆる巻きで可愛く、少しだけ手をかけます。簡単だから真似しやすいはず!

基本は自然な外ハネ

いい香りがしそうなエアリー感

自然な毛流れが女性らしい

One-piece : *GALLARDAGALANTE*
Earrings&Ring : *carat a*

簡単で抜け感あり！6ステップのスタイリングは、合計7分！

毛先はオイルを揉みこみしっと

天然由来成分100%のマルチ美容オイルで、髪以外の肌にも使えます。ベタつきはなく柔らかめ、細めの髪に◎。柑橘系の香り。トラックオイル No.1(ジョエルロティ)

3、4プッシュを手に取り、毛先を摑んで揉みこむように浸透させます。しっとりするけど、ボリュームダウンしたくない人にオススメ。シトラスの香りも心地よい。

5秒でサッと浮き毛を押さえて

トップ、前髪、おくれ毛など、気になるはみ出した毛をなでるだけで、保湿&スタイリング。マスカラタイプで、髪1本までアプローチ。スリーキングスティック(ジョンマスターオーガニック)

最後の仕上げに、全体を見て気になる浮き毛をキャッチして整えます。ポニーテールのおくれ毛にも程よいしっとり感を、前髪に束感を出したいときにも自由自在。

柔らかいまま瞬間セット

髪から少し離して、全体にスプレーして、柔らかな質感のまま仕上がりをキープします。立ち上がりや毛流れをキープしたいときはその場所にスプレー。トリエスプレー10(ルベル／タカラベルモント)

全体にスプレーします。固まったり、質感が変わったりせずにふわふわのまま形を固定。仕上がったフォルムもへたらず、いい香り仕上げ♡

ブラシ型アイロンで手間なくサラサラに

約18cmと小さくても、5段階の温度設定で最高210℃のプロ仕様。髪をしっかりキャッチしテンションをかけやすく、温度による負担は軽減。アゲツヤポータブルミニブラシ(ローネジャパン)

アイロンでスタイリングしやすい髪の土台作り。寝グセを取ってストレートに。毛束を取って、根元を立ち上げるように髪の内側から梳かします。全体満遍なく。

巻きをキープする オイルを仕込み

あとに使うアイロンワークの熱から髪を守り、独自の熱伝導処方で、作ったスタイルを髪を固めずロックするしなやかなオイル。リファ ロックオイル ライト(MTG)

アゲツヤで整えた後に、髪の中央から毛先までの部分にロックオイルを満遍なく手ぐしで馴染ませます。ロングヘアで3～4プッシュ。ベタつきがない軽い仕上がりです。

38㎜のアイロンで簡単外ハネ

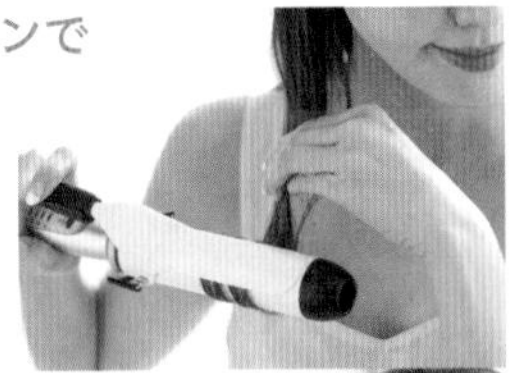

ロングセラーで美容師さんにも愛用者が多く38㎜は大きなカールに。セラミックプレートは滑りがよく、傷みを気にせず使えます。カールアイロン38㎜(クレイツ)

毛束を取りながら外ハネに。繰り返して全体一周外ハネに。顔周りの髪は、毛束を取りながらリバースに巻きます。手ぐしで全体に空気を入れて無造作に。

髪が育つシャンプー＆トリートメント

髪の質感が
毎日選べて楽しい

サラサラに仕上げて軽やかに

撮影前日など、どんなヘアスタイルにも応用できるサラサラヘアにしたい日の前日はこれ。幹細胞が、髪細りにもアプローチしてくれます。Vivorka モイスチャースムージングシャンプー、トリートメント（ともにレカルカ）

しなやかヘアかつ頭皮ケアを目的に

白髪や髪のエイジングを考え、頭皮をしっとりコンディショニングしながら、髪は軽い仕上がりにしたいときに。イーラル プルミエバランシングシャンプー SY〈医薬部外品〉、同 セラムトリートメント SK（ともにイーラル）

ストレートにしたい日、補修も兼ねたいとき

定期的なホームトリートメントや、重めのストレートにしたいときに。ミネコラ パーフェクト3〈リダクションフォーム、アクティブスパ フォーム、リッチ トリートメント〉（すべてアヴィナス・ミネコラ）

美香ヘアを作る
ヘアケアアイテム

ふわふわにしたい、タイトにまとめたい、超ストレートにしたいなど、次の日の仕事や予定によって、どんな髪でいたいかに合わせて選びます。さらに最近は、髪のエイジングケアを積極的に叶えてくれる商品に注目中。

サラサラに仕上げるアウトバスケア

軽い仕上がりにしたいときは、ドライの前にオイルよりミルクで保湿。細くて柔らかいふんわり髪に。イーラル リッチコート ミルク スムース（イーラル）

ダメージから守る力が天才的

左：毎日のブローやアイロンの前にひと吹き。熱から髪を防御してツヤ髪に。リケラミスト。右：インバス、アウトバス両方に使える髪の補修乳液。ダメージが大きいときに。リケラ エマルジョン（ともにリトル・サイエンティスト）

髪が決まると
おでかけも楽しい

質感を作るスタイリング剤

素髪のように寝グセを直してスタイリング

左：髪を重くせず、洗いたてのような質感に整えてくれるミスト。Wrap Mist。右：アウトバストリートメントにもスタイリング剤にも使えてヌーディな髪に。Treatment Balm（ともにLILAY〈ビーブル〉）

最近注目！なヘア家電

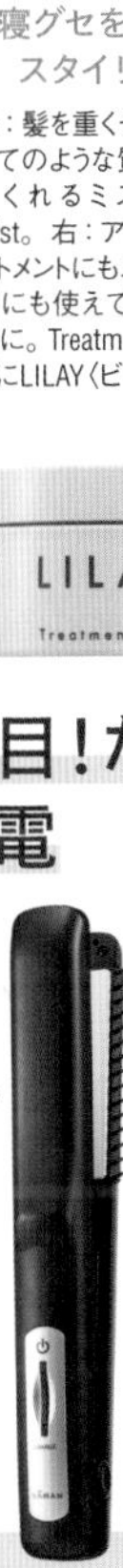

超音波トリートメントが自宅で

サロンでなければできなかった高浸透技術を、手持ちのトリートメントで実現。トリートメントを塗布し、髪をひとつまみずつ挟んで滑らせるだけ。シャインプロ（ヤーマン）

美香流コーディネート の極意

どこかに甘さや上品さを足したり、スタイルアップして見える服を選んで、カジュアルでも女らしいコーデが好き。柄物はあまり選ばずシンプルなものが基本だけど、少し小物で遊んだりするのも美香的ルールのひとつ。

ハンサムな服は
3首見せで女っぽく

王道キレイめには
小物で遊び心を

甘めのトップスは
カジュアルで崩す

甘トップスはカジュアルダウンして着こなす

バルーン袖やレース素材など、甘くて可愛いトップスにキメキメなボトムスを合わせると、ちょっとイタい印象に。カジュアルアイテムを1品投入してバランスをとります。

定番アイテムこそこまめにアップデート

永遠にワードローブに欠かせないデニムこそ、トレンドに合わせてアップデート。小さな変化でも“今っぽさ”を左右します。ダブルスタンダードクロージングのデニムはウエスト周りのひとクセが旬です。

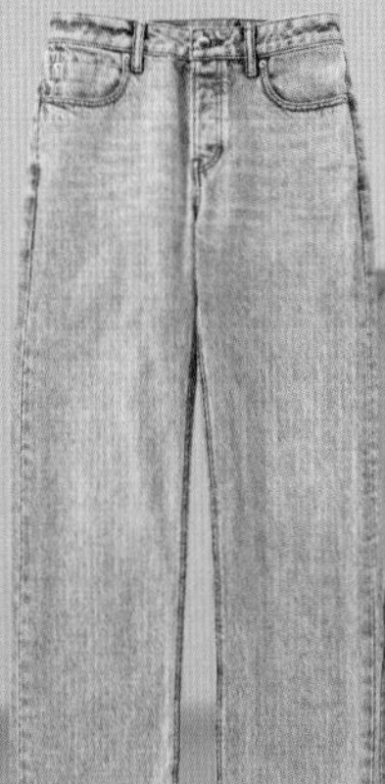

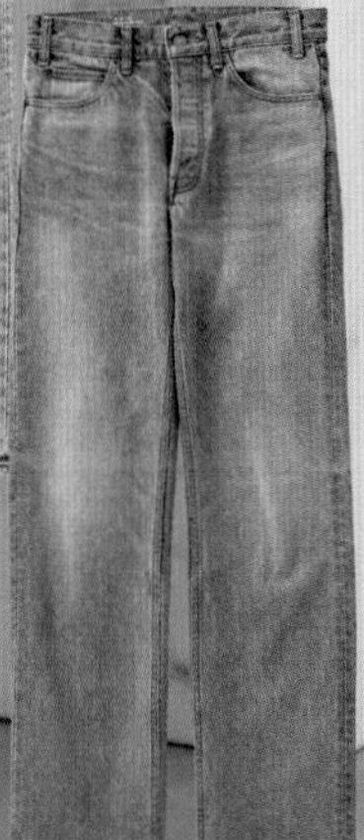

王道デニムブランドより自分の好きな洋服ブランドのデニムを選ぶとトレンドが拾える。薄ブルーでゆるめが今っぽい。右のセリーヌはウエストを落とし気味にはき、左のアレキサンダーワンはハイウエストで。

Tops : *FRAY I.D*
Bottoms : *DOUBLE STANDARD CLOTHING*
Shoes : *ALAÏA*
Necklace&Ring : *carat a*
Bag : *Patou*

キレイめ服には小物で遊びを忘れずに！

シーンも人も問わずのワンピースなど、キレイめ服にこそ遊び心を。同じパールのピアスでもデザイン性のある揺れるものにしたり、アクセントになるようなジュエリーをプラス。

ほんのりボディライン強調でスタイルアップ

スタイルよく見えるかは最優先事項! ゆる×ゆるシルエットの服は選ばず、フィット&フレアが定番。ボディラインのメリハリを美しく見せる鉄板シルエットです。

One-piece :
FRAY I.D
Shoes :
BOTTEGA VENETA
Bag :
JIMMY CHOO
Earrings&Ring :
carat a
Bracelet :
Cartier

色選びで、肌見せで。ハンサム服も女っぽく

ジャケットやジレ×パンツのように、アイテム自体がハンサム系のコーデは、オフホワイトなどカラーを優しくまとめたり、鎖骨・手首・足首の3首を見せたり、柔らかさを意識します。

エッジの効いたバッグで脱無難コーデ

シンプルコーデにバッグで遊びとパンチを効かせて抜け感に。ベースがコンサバ、甘めが多いので、キレイめバッグだと堅苦しくなっちゃいます。Off-Whiteくらいの遊び心も好き。

足元がヌーディならそれだけでレディに

ディテールがハンサムな服のときほど、華奢なヒールでスタイルアップがマストです。編み上げのヒールは女っぽく、PVCで足の甲が透ける分脚長効果がUP。

Jacket :
BARNEYS NEWYORK
Bottoms :
BARNEYS NEWYORK
Shoes :
JIMMY CHOO
Earrings,Ring,Bracelet :
Cartier
Bag : *Off-White*

少しずつ大切に揃えてきました。

美香の最愛ジュエリー

服やメークはトレンドに合わせてアップデートしていくものだけど、ジュエリーは一生ものという特別感があります。長く使えるものを大切に買って、大切に使いたい。年齢を重ね、一層好きになり少しずつ集めています。

ジュエリー愛が
詰まった宝箱

大切なジュエリーだから、丁寧にしまいたい。「スタッカーズ ロンドン」のジュエリーボックスは、ボックスの内側の仕切りの種類がたくさんあって、手持ちのジュエリーの種類や使い勝手に合わせて、自分好みにカスタマイズできるところが好き。シンプルなデザインはお部屋にも馴染み、気に入っています。

大人可愛いを凝縮
したようなジュエリ

撮影で出会ってあまりに可愛くて
“プリティウーマン”という名前にも
惹かれて、ネックレス、ピアス、
リングを揃えました。
甘めな私の服に合わせやすく、
肌馴染みのよいピンクゴールドに
ダイヤが夢のよう。いくつになっても
こんな可愛らしさを纏っていたいな。

甘くて可愛いが
詰まったFRED

FRED

Van Cleef & Arpels

甘さと辛口の バランスが絶妙な ヴァンクリの黒

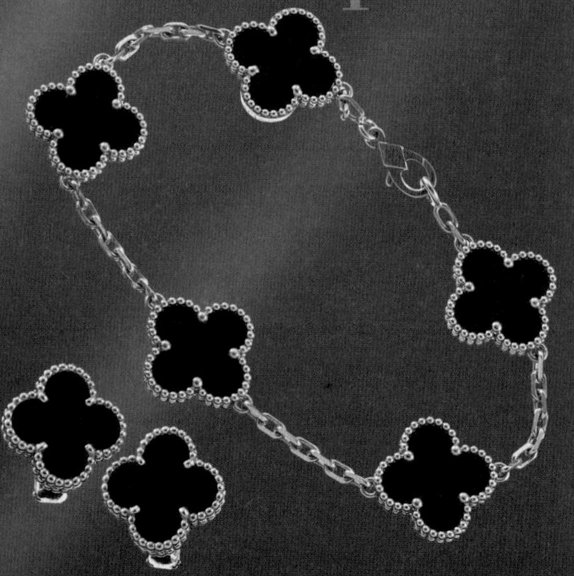

若い頃は甘すぎると思っていた、
ヴァン クリーフ&アーペルの
アルハンブラが、 年齢を重ね
しっくり馴染むように。
特に甘いけど辛口な印象の黒は
一番使っているもの。
今の私の気分を
盛り上げてくれるかのようです。

可愛いだけじゃない 存在感がアクセントに

集め出したのは40代になってから。若い頃は、私には甘すぎるかなと抵抗があったけれど、この歳だからこそ表現できる可愛さがある気がして。アルハンブラのモチーフは、ピアスとブレスがコーデのポイントにしやすく、気がつけば色違いで集めています。

Tops:
Designers Remix
Inner: *SNIDEL*

Favorite Jewelry

シャープで強さのある女性らしさはカルティエで

クラッシュ ドゥ カルティエのピンクゴールドとホワイトゴールドのリングとピアス。リングは重ねづけも。ボリュームとパンチが意外と甘い服に好相性。パンテールの時計は20代で購入したものを大切に使ってます。

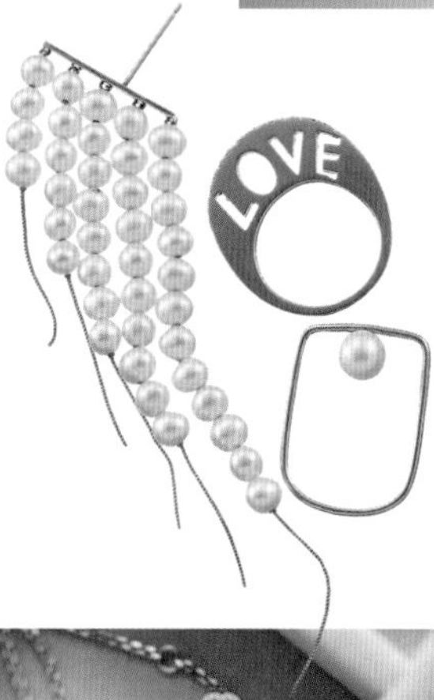

カジュアルに合う洗練された carat a

carat aのデザインは華奢で繊細。suzuran 5Lは、パールが5列のピアス。流れるようなデザインで可愛く、あえてカジュアルに。1個売りで左右別々系のピアスです。LOVEリングは他にはない作りでポップな手元に。

遊び心がオシャレな Bijou de M

Bijou de Mは、遊び心があるデザインがオシャレで集めています。パールチョーカーは首にはめるだけで繊細にデコルテを綺麗に見せてくれるので大好き。ピアスは1個売り。左右別々で組み合わせて、楽しんでいます。

\ これさえ あれば安心 /

落ちないピアスキャッチ

大切なピアスを落とす心配が激減。使用方法は差し込むだけで簡単にロック。カラーも3色。0.6㎜～1.1㎜のスタッド型ピアスのポストに対応。楽天で購入したクリスメラのキャッチでゴールド（本人私物）

elegant outfit

＼パーティーや
おでかけに／

美香流 華やぎコーデは 肌見せ＆シルエットで勝負

発表会にイベント、パーティーと、およばれは楽しいもの。会場やイベントのテーマカラーに合わせてコーディネートしています。肌見せ、女性らしいシルエットで、自分の気分がアガる選びも大切に！

清潔感ある肌見せで、大人の華やぎコーデ

左から：フリルの黒は上下ともにFRAY I.D。黒のデコルテ見せワンピ&赤ワンピは両方aje。パープルはH&M。大胆なフリルなどの華やかなディテールは、潔く肌を見せたり、黒で締めたり、髪をタイトにしてスッキリ見えるように。ミニ、肩出しは華奢に見せる効果も。

ロングドレスは淡色&デコルテ見せ

全身隠れて重く見えがちなロングドレスは、淡色ワントーンで。デコルテの抜け感で軽やかさをプラス。左のタイトなドレスはCELFORD、右のフィット&フレアはセルフポートレートのドレス。

上半身勝負の着席なら思い切り甘めで

レストランでバースデーパーティーなど、終始着席型なら、お店の内装に映えとことん甘めのレディなトップスで。写真はダブルスタンダードクロージングのハート柄ワンピ。

華やぎコーデには一点主役のバッグがよし

ブランドが一目でわかるバッグで決めるより、ジュエリー感を優先してハズしたバッグが服との相性よし。MATCHES FASHIONで購入した、Ros anticaのクリスタル&フェイクファーとスパンコールのハンドバッグ。

毎日、こんなコーデしてます！in春

重たいアウターを脱いで、サラッと1枚で着られる服や、肌見せコーデを満喫したくなる春。ゆるくなりすぎないようにかっちりアイテムを投入したり、アイテム合わせや色選びで甘さを調整します!

サッと羽織って引き締まる。ジャケットLOVE

もともと好きな甘い服や、春になると増えてくる淡色コーデの引き締め役に、ジャケットが大活躍! 肩掛けや腕まくりでラフに着崩すのが美香流です。

ツイードJKで高級感をプラス

淡いピンクと白の春爛漫コーデ。ツイードのジャケットはJUSGLITTY、ショートパンツはCELFORDのもの。

ショーパンを大人っぽく格上げ

スリーピースが新鮮なセットアップはuncraveのもの。ハンサムアイテムこそ淡色を選んで優しげに。

ツヤ感&落ち感素材で女っぽく

Whim Gazetteのセットアップに、落ち感のあるFRAY I.Dのジャケットを合わせて。ツヤ感のある素材だからキャメルでも沈んだ印象になりません。

定番紺ブレこそ更新がマスト

定番の紺ブレも、長め丈とボックスシルエットにアップデート。春らしいペールグリーンを引き締めます。ブレザーはトラディショナル ウェザーウェア。

肌見せ服はデニムでバランスをとります

女度高めの肌見せ服は、デニムを合わせてカジュアルダウンします。
肌もがっつり見せるのではなくて、チラ見せや透けるくらいでやりすぎないのがちょうどいい♡

色っぽい黒には大胆なデニムを

FRAY I.Dのレースの透けトップスにはカットオフが大胆なrokhのデニムを合わせて甘さを調整。「どこの?」と聞かれる率が高めなお気に入り。

♡の穴開きをカジュアルに

ハートの穴開きが可愛すぎるトップスはSimone Rocha。カットソー×デニムも、トップスに女っぽいポイントがあるからカジュアルになりすぎません!

甘めドットはモノトーンで微糖にシフト

春は意外とモノトーン率も高め。モチーフ自体が甘めなドット柄は、モノトーンでまとめれば可愛くなりすぎずに着こなせます。白の分量は多めにして軽やかに!

可愛げブラウスも大人っぽく

リボンにドットで甘ポイント満載のブラウスこそ、モノトーンでまとめて大人っぽく。上下ともFRAY I.Dです。長袖×ショーパンって春らしくて好き♡

甘ドットをロゴでキャッチーに

ゆるめなドットパンツは、白の分量を多くして爽やかに。パンツはCOEL、ロゴがキャッチーなTシャツは&.NOSTALGIAとコラボしたもの。

縦長ライン強調でスタイルアップ

ロング丈のアウターを羽織ったり、Iライン強調のワンピースを着たり、スタイルよく見えるコーデは美香の基本! 足元も基本ヒール合わせで。

長×短でメリハリをつけて

ハイウエストのショーパンにロング丈アウターをサラッと羽織って、王道の縦長ライン強調シルエット。アウターもショーパンもuncraveです。

ロング丈は3首見せでスッキリ

スッキリ抜け感を使って、ロング丈でも重たく見えないように。オールインワン見えするuncraveのセットアップは、簡単にコーデが決まる優れもの。

シンプルワンピはバッグで差し色

たまには全身ゆるゆるでリラックス♡ Iラインが綺麗な白Tワンピはミラオーウェン。ピエールアルディのカラフルなバッグをアクセントに。

リブワンピでボディライン意識

FRAY I.Dのタイトなリブニットワンピースを、1枚で潔く。体が綺麗に見えます。ボディラインがわかる服を着るときの緊張感も時には大切!

毎日、こんなコーデしてます！in 夏

1枚で完結する楽チンワンピースや、かごバッグ、Tシャツなどカジュアルアイテムの登場率が増える夏。差し色を投入したりシルエットはキレイめにまとめたりで、ドカジュアルになりすぎないように！

主役にアクセントに。白の爽やかさって偉大

暑い夏には見てるだけで涼しげな白の力を借りて。どんなアクセントカラーも受け止めてくれたり、ダークカラーの差し色としても活躍したりと、とにかく頼りになる！

ビビッドカラーの小物が白に映える

キャミソールもカーデもダブスタ。カラフルな差し色が夏っぽくて映える！カーデはキャミの肌見せ具合の調整や、冷房対策にも重宝。

オールホワイトは素材感を変えて

上下ともFRAY I.Dのもの。ALLホワイトでも、トップスは透け感、ボトムスはハリ感と素材を変えてメリハリを。ベルトやカラーバッグもアクセントに。

白の分量は多めが◎

モノトーンのロングスカートもキレイめな印象に。FRAY I.Dのものです。コンパクトなトップスでロングスカートのボリューム感が際立つ！

黒トップスも軽やかに

トップスはCOELで、肩の肌見せのおかげで黒でも重くならずに着こなせます。ホワイトデニムはダブスタで。

Tシャツもカジュアル見えしすぎないように

いくらでも洗えるし、夏のアウトドアシーンにも欠かせないTシャツ。
Tシャツ自体がカジュアルだからこそ、色はシックにしたり、ボトムスはキレイめにまとめて。

キャンプでもシックなカラーを

キャンプみたいなアウトドアシーンはTシャツとビーサンで思い切りカジュアルに！アースカラーで落ち着いた印象をキープ。TシャツはN.O.R.Cのもの。

Iラインでまとめてキレイめ

黒のタイトスカートを合わせ、色味もシックに女っぽく。HYKEのTシャツは、パワーショルダーとハリ感のある素材でカジュアルになりすぎません。

夏の味方・カラーワンピはシルエットが大事

暑くて何も考えたくないような日には、着るだけで可愛いカラーワンピが最強♡
大人っぽいシルエット選びや、合わせる小物でリラックス度合いを調整して。

キャミワンピこそ シルエット重視

イエローのキャミワンピはダブスタのもの。ストンとした形で子どもっぽくなりすぎず着こなせるお気に入りです。かごバッグを合わせてリゾート風に。

ピンク＆フリルで とことん華やか

バラ園に合わせて着ていったピンクワンピはJUSGLITTYとコラボして作ったもの♡　ウエストはキュッと締めて、肩、裾のたっぷりフリルが引き立つ!

1枚で映える ワンピが大活躍

1枚でパッと決まって、楽チンで可愛い赤ワンピって最高! Estella.Kのもの。ぺたんこサンダル、ダブスタのショッピングバッグを合わせてリラクシーに。

ワントーンでまとめればシックで女っぽく

ベージュやテラコッタ等のサンドカラーでワントーンでまとめるのも、
大人の女性っぽくて好き。差し色や肌見せで軽やかに抜け感を出します。

ベージュ× 白パンツで大人に

パフショルダーが可愛いstyling/のワンピを羽織りとしてサラッと。ボッテガのグリーンのバッグは、ベージュコーデの差し色に相性がいいの!

シンプルな分 小物で遊びを

シンプルなサンドベージュのuncraveのセットアップに、小物でアクセントをプラス。YSLのかごバッグは、カジュアルすぎずに持てて大のお気に入り!

テラコッタは 肌見せで抜け感

夏の日差しに映えるテラコッタのジレセットアップはCOELのもの。ジャンヴィトロッシのサンダルで高見えさせつつ、ぺたんこで抜け感をプラス。

毎日、こんなコーデしてます！in秋

ロングブーツなどの重めの小物を合わせるバランスや、重ねるオシャレが楽しくなってくるのが秋。肌を見せたり色を軽やかにしたりして沈まないように、どこかに上品な女性らしさを足すことは忘れずに。

黒×差し色でちょっと華やかさをプラス

甘い色やふわふわ質感などのどんな可愛いディテールも受け止めてくれて、甘くなりすぎないのはさすが黒の力！黒合わせだからできる女っぽいコーデを満喫します。

赤バッグで少しロックな可愛げを

子ども連れでお出かけするときのカジュアルなTシャツも、黒でまとめれば大人な印象に。赤チェックのバッグを合わせて程よく華やかさをプラス。

リブカーデでカジュアルに

RIKOの黒スウェットに、uncraveのカーデを差し色に。パープルがかったピンクだから少し大人っぽく。リブの素材感でほんのりカジュアル感も出せます。

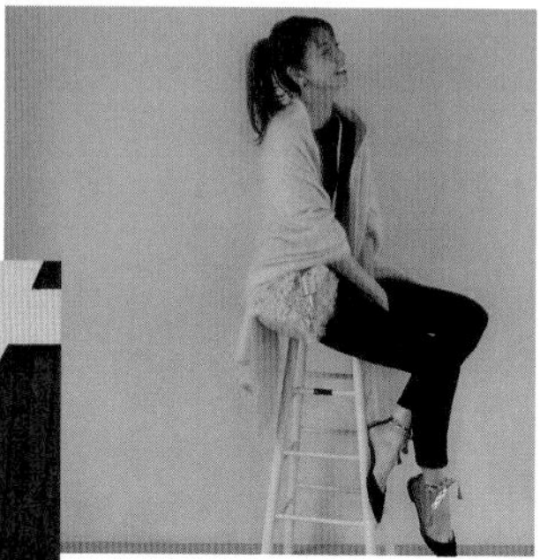

ふわふわピンクも程よい甘さに

ふわふわ質感で可愛い要素満載のピンクも、全身黒なら甘くなりすぎない！トップスはミラオーウェン、パンツはヤヌーク。ストールはアソースメレのもの。

タートル×ブルーデニムは王道

黒のタイトなタートルネックを、ゆるっとヴィンテージのブルーデニムでカジュアルダウンさせる組み合わせは昔から好き。甘さはバッグでプラスして。

白襟のワンポイントでグッとキレイめ

襟付きニットにフレアスカートで正統派なお嬢様スタイル。白の襟がキレイめなアクセントに効いてます。トップスもスカートもダブスタのもの。

ジレ、ワンピで瞬間スタイルアップ

スラッと縦長ラインを強調してくれるワンピースや、羽織るだけで今っぽくなるロングジレが大活躍。ロングブーツやキレイめパンツで繋げればさらにスタイルアップ。

Iラインワンピを
ブーツで縦長に

ピンクのイメージが強いかもしれないけど、鮮やかなロイヤルブルーも好き! カデュネのニットワンピをロングブーツで繋げて、楽だけど決まるコーデの完成。

全身白に馴染む
グレージュブーツ

タートルもジレもダブスタで。絶妙なグレージュカラーのロングブーツは、白と合わせても浮かずに馴染むから大活躍! ダイアナのものです。

上品なスタイル
アップ配色

キャメルに白を合わせて、まろやかで上品な雰囲気にまとめました。パンツを合わせて脚長効果も◎。ジレはボーダーズアットバルコニーのもの。

淡色、肌見せはあたたかな素材感で秋っぽく

基本薄着なので秋でも肌見せは続行だし、淡色コーデも大好き! でもニットやツイードなど素材感をポイントにして、秋らしくアップデートすることを忘れずに。

白ニットで
季節感を先取り

一年中好きなオール白コーデも、素材感で秋の装いに更新。ニットはCELFORD。黄色のバッグでパッと華やぎを。

ツイードジレも
軽やかに着こなす

オーバーサイズなジレにミニスカのバランスに一目惚れしたセットアップはダブスタのもの。ダークカラーのチェック柄とツイード素材で秋っぽく。

シックなくすみ色登場率も増えます

秋になると着たくなるカーキやグレーなどのくすみカラー。色が大人っぽくベーシックだから、少し攻めたデザインの服にも気兼ねなく挑戦できます。

グレーニットは
後ろで魅せる

COELのニットは、色はシックだけど実は背中が開いていて女っぽく着こなせる一枚♡ uncraveのタイトスカートを合わせて大人に。バッグはピエールアルディ。

1枚で決まる
ジレワンピが活躍

トレンチみたいなデザインの効いたsacaiのロングジレは、1枚で決まる! シックな色に、ダイアナのブーツとボッテガのバッグと小物も黒でまとめて、ハンサムに。

毎日、こんなコーデしてます！ in 冬

着こんでモコモコになったり、ダークカラーが増えがちな冬こそキレイめを死守! きちんと防寒しつつ、縦長シルエットやメリハリをつけた組み合わせで、スタイルよく見えることも引き続き最優先事項です。

冬こそ白、ペールトーンが映える♡

暗くなりがちだからこそ、冬は白が引き立っていつも以上に可愛い♡
投入する色も白に馴染むペールトーンでまとめて、上品で柔らかな印象に。

ダウンこそ白でまとめてスッキリ

白×白でダウンもキレイめに着こなしたい♡　ダウンは6x1COPENHAGENでさりげないAラインが可愛い。足元もヒールを合わせてほっこり見え回避。

コンパクトな形で上品に

コートもスカートもタートルもJUSGLITTY。コンパクトなコートにミニスカを合わせてスタイルよく。フェンディのバッグの爽やかなブルーがアクセントに。

白×ピンクの永遠に好きな配色

大のお気に入りのダブスタの白ワンピに、uncraveのピンクコートを合わせて。上品なコーデにはフェンディのミニバッグでキャッチーさをプラス!

グレージュで落ち着いた印象

白〜グレージュの柔らかなワントーンでまとめたコーデは全身emmiで。JIMMY CHOOのピンクベージュバッグで華やかさをプラスしました。

軽やかな白はモコモコと好相性

MaxMaraのボリューミィなテディベアコートの下は、色もシルエットもスッキリと。ワンピースはTSURU by MARIKO OIKAWAで。白×キャメルは最強配色!

知的さが薫る白×アイスブルー

トップスからブーツまで白でまとめて、アイスブルーの品の良さが際立つコーデに。コートはJUSGLITTY、トップスとスカートはuncraveです。

ロングワンピ×ブーツでIライン強調

防寒できてスタイルもよく見えるロングブーツは冬のマストアイテム。合わせるワンピースは色のトーンを合わせれば、より縦長シルエットがスラッと強調されます。

ボリューム袖にジレでメリハリ

uncraveのスッキリしたジレは、ロングブーツと好相性。盛り袖が可愛いダブスタのブラウスで重くなりすぎないように。

縦に落ちる美シルエット

FRAY I.Dのロングコートはラインが綺麗な一着。中にはCELFORDのフレアなワンピにロングブーツを合わせてスタイルアップ。

パッと華やぐならビビッドカラーニット

見てアガる、着てアガるカラーニットは、1枚で主役級の華やかさ! その分合わせるアイテムはシンプルにして、甘くなりすぎないようにバランスをとって。

赤ニットはデニムでカジュアルに

フリルの感じもチラ見えするピンクのレースも可愛すぎる赤ニットは、ステラマッカートニー。華やかなニットだからデニムでシンプルに着こなします。

黒に映えるビビッドピンク

暗い色が多くなりがちな冬に映える、ビビッドなニットはAMI PARIS。足元はロジェ ヴィヴィエのローファーで甘さを引き算。

冬の鉄板・タートルネックも華奢見せ

程よく体に沿ってボディラインをキレイに見せてくれたり、ざっくり感が可愛かったり。肌見せ面積は少ないけれど、タートルニットってむしろ女っぽく見せるのに欠かせない!

ゆるデニムでむしろ女っぽく

ヴィンテージのリーバイスのデニムをゆるっと合わせると、タートルのボディラインが引き立ちます。キャメルのニットとパンプスの色も揃えて統一感を。

ざっくりニットは小物で締めて

体が泳ぐようなざっくりタートルニットはむしろ体が華奢に見える! エコレザー素材のスカートやボッテガのバッグでパンチを効かせて引き締めます。

毎日コーデに欠かせない！
最愛ブランド12

uncrave

最愛セットアップはここで

ジャケット×パンツみたいな、大好きなセットアップが豊富で外せないブランド。シンプルでクールめなデザインが多く、合わせやすくて頼りになります。

COEL

いつもの自分のアップデートに

モデル仲間のヨンアがプロデュースしていてオシャレ度高め! いつもは手に取らないようなものが見つかるから、なにかちょっとアップデートしたいときに。

ZARA

トレンドアイテムを適正価格でGet

お店もオンラインもよくチェックします。今っぽいパワーショルダーカットソーもZARA価格なら挑戦しやすい! 特に小物や靴はトレンド感があって好き。

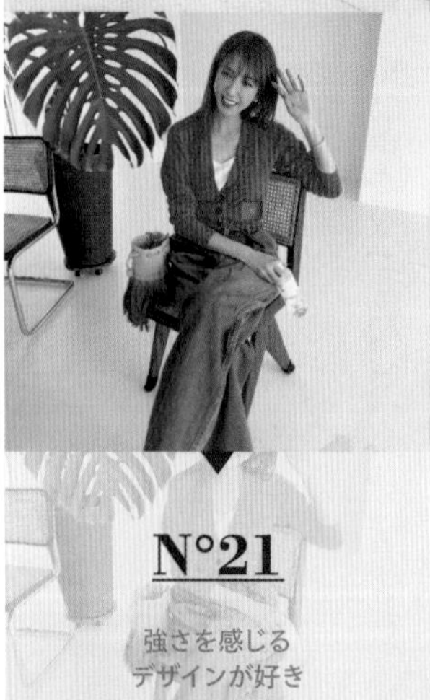

self-portrait

ひとクセ効いた肌見せ服に

日本にはないひとクセ効いたシルエットや肌見せ服が多くて、1点投入するだけで華やぎます。女っぽいトップスやワンピースがお気に入り。

N°21

強さを感じるデザインが好き

女っぽいのに、媚びないセクシーさや強さを感じるところが好き。他にはないデザインも多く、普段着はもちろん女子会にも着ていきたくなる服がたくさん。

aje

今一番好き♡盛り服の宝庫

ハマり中のオーストラリアのブランド♡　盛りデザインにアガるし、人と被らないからパーティーにも。日本未上陸なので海外ネット通販で購入。サイズは8。

「こんな服が欲しいときは、ここで探せば間違いない」がわかっていれば、お買い物ももっと楽しく迷わなくなるはず! 私のクローゼットの中から、登場率高めなお洋服ブランドを12個厳選してご紹介します。

DOUBLE STANDARD CLOTHING

甘さとエッジのバランスが大好き

甘くてエッジの効いた"ダブスタらしさ"があってずっと好き! アイテム問わず、上質で長く着られるものが多いのもお気に入りな理由のひとつ。

JUSGLITTY

大人でも着られる愛され服

日本女子の愛され服を作ってきたのはこのブランドだと思ってます! 大人でも着られる程よい甘ワンピースやトップスの宝庫。コラボもさせてもらってます♡

CELFORD

好感度抜群の頼れる上品服

上品で好感度の高い服で、どんなシーンにも"CELFORDなら大丈夫"って思える安心感がある。ちょっとキレイめにまとめていきたいお食事の日などにも。

RIKO

今旬で上質なブラウスはココ

公私ともに仲良しなスタイリストの井関ちゃんがプロデュースするブランド。作りもしっかりしていて、長く着られて今っぽいブラウスが必ず見つかる!

&.NOSTALGIA

こんなに安くてこんなに可愛い♡

まず価格に驚き! なのにしっかり可愛くて、ついアレコレ買いたくなります。トレンドをパッと取り入れたいときの味方です。美香コラボも要チェック♡

FRAY I.D

程よい女っぽさでヘビロテ

柔らかいテイストからちょっと凛とした感じまで、どんな服にも上品さが宿っていて、トレンド感もあるので毎シーズンヘビロテしています。

＼ALL私物／

ベーシックよりひとクセ！な 最愛バッグ

バッグは“一生もの”はあまりないと思っていて、それよりも自分のテンションがアガることを重視! 服が甘めでコンサバ寄りだからこそ、色や柄や形など、コーデのアクセントになるものを愛用しています。

コーデのアクセントに♡ 赤バッグが永遠に好き

赤バッグって、シンプルなコーデにも持つだけでパッと華やぐので意外と合わせやすいんです。バケツ型など荷物が入るものも多く、登場率が高いものばかり。

A 使い勝手も可愛さも◎なバケツ型

B 永遠の名品こそ自分が大好きな色で

C ブラックのロゴが引き締め役に

D 赤×♡×お花で好きしかない

A キャッチーな「ピエールアルディ」の赤バッグは、バケツ型で見た目以上の収納力が頼りになる。

B 揺るがない一生ものバッグ「エルメス」のバーキンも大好きな赤で。見るたびにアガります♡

C 「BALENCIAGA」はコロンとした可愛げのある形に、ロゴでカジュアルなアクセントを。

D 数年前のバレンタインシーズン限定だった「PRADA」は、ハートと花のモチーフが可愛すぎる!

大荷物の日の**キレイめ**
キープバッグはこの2つ

打ち合わせや私物撮影の日など、荷物が多いときには上品さをキープの大容量バッグが活躍。どちらも長年使っていきたいと思っている大切な2品。

何でも入る収納力
とにかく使える！

「DIOR」のブックトートは何でも入ってしかも軽い！ 買ってよかったと思うもののひとつ。

大きめサイズも
ワンハンドルで上品

「FENDI」のピーカブーは上品なのにやんちゃな感じが好き。仕切りがあって機能性も◎。

遊び心のあるバッグが意外と登場率高め

甘めな服やシンプルな服にバッグで遊びを効かせるのが好き。形はかっちりだったり、色はシックにしたりと、崩しすぎない選びを。

甘ピンクを
ディテールで
カジュアルに

フリンジと太チェーンで華やかな印象にまとまる「J&M Davidson」のカーニバル。

ハンドルで
遊んでも
名品なら安心感

品がよくて大好きな「Valextra」のイジィデも、ひとクセあるハンドルで褪り知らず。

シックな
マルチカラー
が実は便利

「ピエールアルディ」は色使いが好き。マルチカラーでもシックだから意外と合わせやすい。

鮮やかな
オレンジが
アクセントに

遊び心満載の「Off-White」はお気に入りブランド！ 形も色もアクセントにピッタリ。

エッジの効いた
ペイントで
モードな印象に

「Off-White」は端整な白スクエア型にペイントが施された上品さと遊び心のバランスが♡。

カラフルな
プリントで
ラフに持てる

「Valextra」のイジィデの限定デザインは、意外にどんなコーデにも合う万能バッグ。

黒ベースなら
コーデに
馴染みやすい

「ピエールアルディ」は黒ベースにカラフルなスカラップが絶妙に華やかなバランス。

ショルダーは
キラッと華やぐ
ものをチョイス

アクセ感覚で持てるショルダーは、チェーンが可愛かったり、ミニミニサイズを選んだりとより華やかなチョイスで。

見た目以上に
頼れるミニバッグ

「FENDI」はミニサイズだけど、巾着型なので見た目以上に荷物が入って便利。

パールストラップで
持つだけで華やぐ

ピンクベージュにパールストラップと上品なポイントが盛りだくさんの「JIMMY CHOO」。

白とゴールドが
耀きをプラス

ミニミニサイズでゴールドも上品な「JIMMY CHOO」はアクセサリー感覚で愛用。

大好きなピンクを
アクセ感覚で

「ピエールアルディ」のミニバッグは大好きなピンクで♡　華奢なチェーンもポイント。

ALL私物、最愛シューズ

靴は、キラキラで華やかなものが大好き! 見て可愛くて、履いたときの姿も綺麗に見せてくれて、気分までアガるから、断然ヒール派。ヌーディだったりシースルーだったり、脚が長く見える選びにもこだわります。

無条件にアガる♡ ロジェ ヴィヴィエ、愛してます

派手なのにどこか上品さがあって、とにかくアガる最愛ブランドといえばロジェ ヴィヴィエ。キラキラでロジェにしかないデザインには、夢が詰まってます!

A ゴツめローファーも女っぽく

B 脱いだときも横から見た姿も可愛い

D スポサンでもこんなに華やげる

C スニーカーなのに夢みたいにキラキラ

E ピンクはシャープなデザインで

A メンズライクなローファーも、ロジェのキラキラビジューで女っぽいバランスで履けます。

B サテンの薄ピンクにヒールまでキラキラで夢みたいに可愛いポイントしかない!

C 歩きやすいスニーカーでこんなに可愛いってズルい! 厚底ソールでスタイルアップも。

D カジュアルなスポサンも、ロジェのキラキラが加われば途端に華やかに!

E ピンクチェックでも、ゴールドのバックルにチャンキーヒールだから甘すぎないのが◎。

ラメ、パール、ファー、文句なしに華やかな**女っぽヒール**

高いヒールに、ラメやパール、ファーなど女らしいアクセントで盛ってなんぼな
靴も大好き! アクセントに投入したり、パーティーにも活躍します。

シルバーラメで 履くだけで女度UP

華やかな「JIMMY CHOO」はパーティーコーデにも。オープントゥも色っぽい。

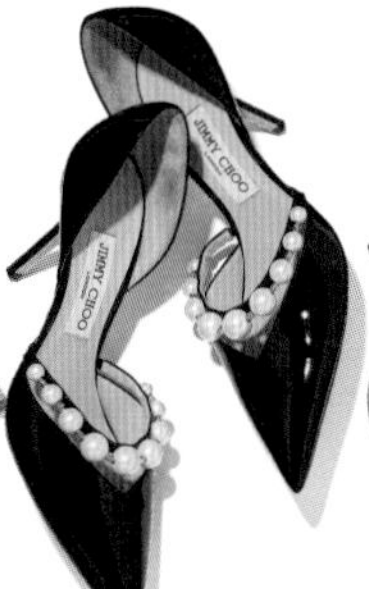

黒×パールで 甘くハンサムに

色チ買いした「JIMMY CHOO」の黒は、よりシックにまとめたいときに。

パールのおかげで 上品さ格上げ

パール付きの「JIMMY CHOO」は好きすぎて2色買い。パテントのツヤも◎。

白いフワフワで 可愛い後ろ姿に

「ジャンヴィトロッシ」は踵についたファーがまるでウサギみたいな可愛さ♡

華やかなピンクラメ でパーティーにも

ピンクラメにポインテッドトゥの「JIMMY CHOO」はパーティーにも活躍。

見て可愛い、履いて可愛い。靴だって**ピンク宣言**

肌馴染みのよいベビーピンク系を選べば、可愛いうえに脚も長く見えて最高!
柄やレースで、シンプルにまとめすぎないものを選びます。

ピンクの♡で 好きが詰まってる

ピンクに♡柄で可愛すぎる「PRADA」のパンプス。ヒールに少しアクセントがあるのも好き。

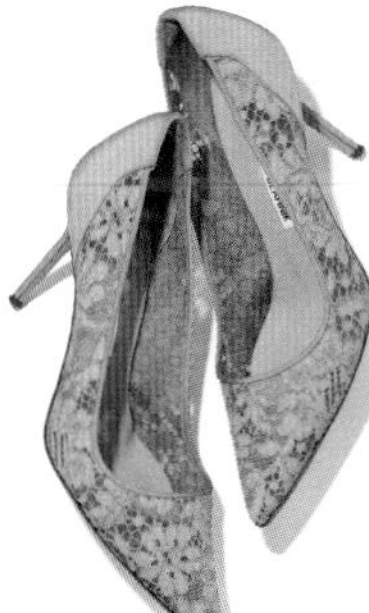

レースの透け感で 色っぽく見える

履いたときに足が透ける感じまで可愛いピンクのレースは、「マノロブラニク」。

編み上げサンダルで 華奢な表情に

「ジャンヴィトロッシ」のサンダルはヌーディさも編み上げの華奢な感じもたまらなく女っぽい。

スポサンこそ 甘さをてんこ盛り

「マノロ ブラニク」のピンク&ビジューもスポーツサンダルで取り入れれば甘くなりすぎない。

肌面積が増える **シースルー**なら 脚長効果抜群

PVC素材のクリアサンダルは、足が見える面積が増える分だけ脚が長く見える気がする! 飾りが肌についているみたいに見えるのも可愛くて見てアガります。

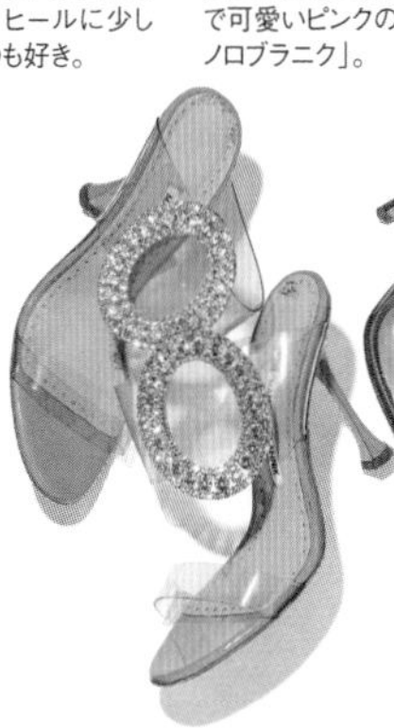

大ぶり ビジューが 華やか

甲を覆う大ぶりビジューで華やかさ100点な「マノロブラニク」のサンダル。

鮮やか グリーンで アクセント

「ジャンヴィトロッシ」は、履くと素肌にグリーンのリボンがついているみたい♡

フットネイルは
シーズンレスでマスト

一年中ネイルは欠かさず、手はフレンチと決めているので、足元はデザインで遊びます。毎日必ず目に入るネイルが可愛いとモチベーションが上がって、幸せ♡　サロンは表参道のTHE CONRATが行きつけ。

夏に増えるホワイトカラー

サンダルが増え、足元がオープンになる夏はネイルカラーも楽しくなります。ホワイトはどんな服にも合わせやすく、違和感なし。爽やかで、足の肌も綺麗に見えます。

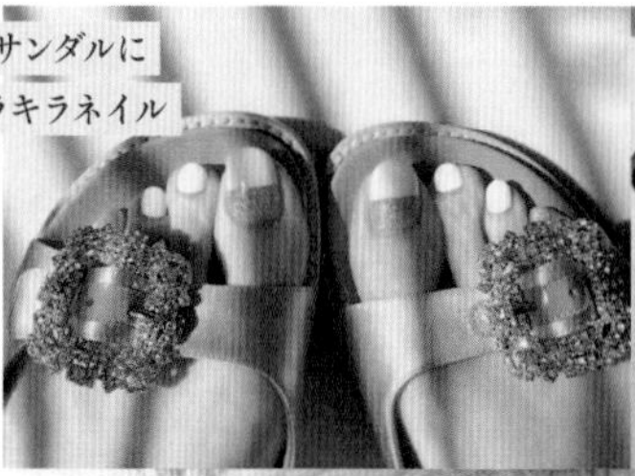

キラキラサンダルにはキラキラネイル

手のフレンチネイルとお揃い

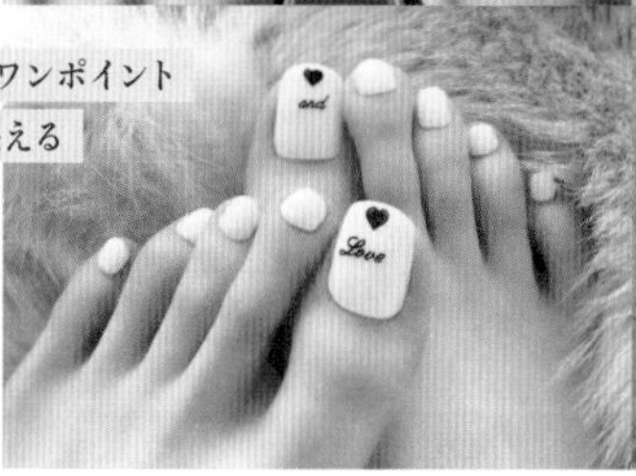

♡Loveのワンポイントが映える

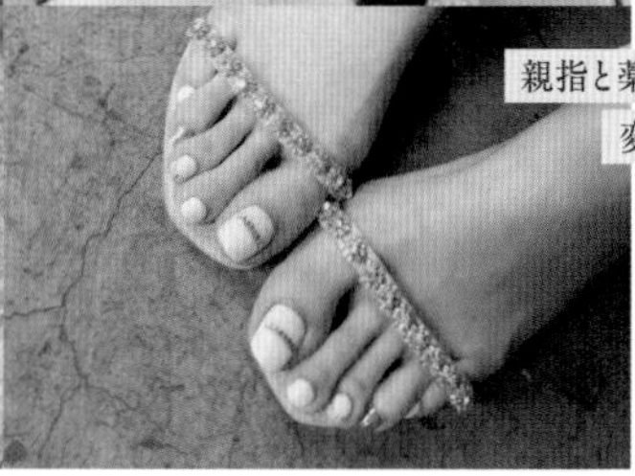

親指と薬指だけ変化球

肌馴染みのいいピンク系は鉄板です

ピンクといっても薄ピンクの世界観が好き。肌と一体感があるトーンでまとめます。♡型のポイントは親指にのみつけるのが上品。ヌーディな大人っぽさが今の気分です。

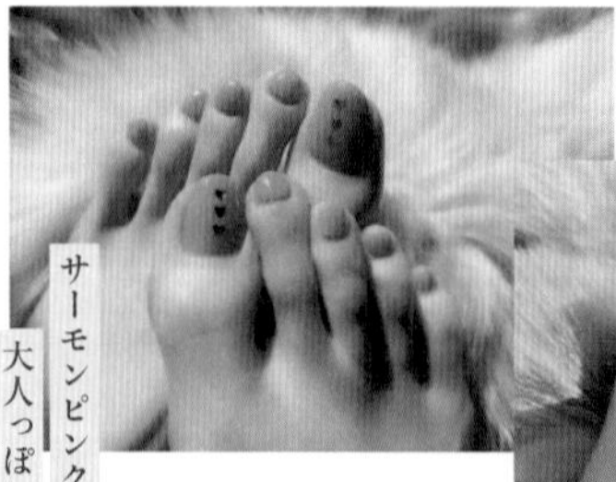

サーモンピンクが大人っぽい

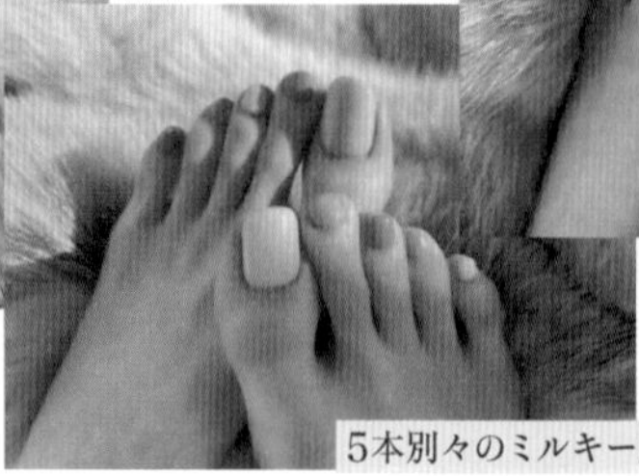

5本別々のミルキーカラーキャンディみたい

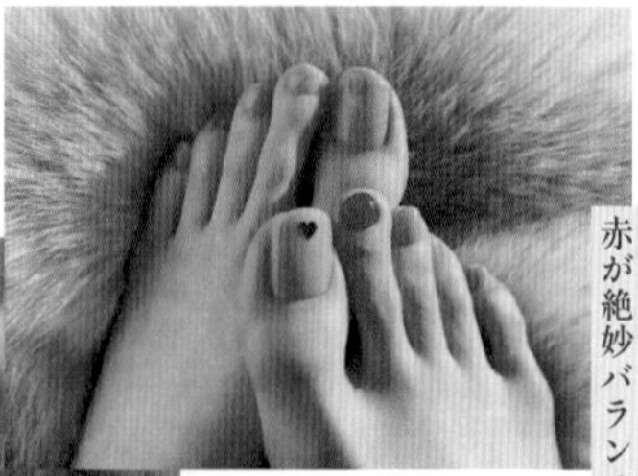

ベージュピンク&赤が絶妙バランス

冬に増える赤はボルドー寄りがマスト

赤は夏のサンダルには合わせにくいので、ブーツやタイツで足元が見えにくい冬に頻繁に! 肌が綺麗に見えるのは深めの赤。バスタイムで自分の足を眺めるたびうっとり。

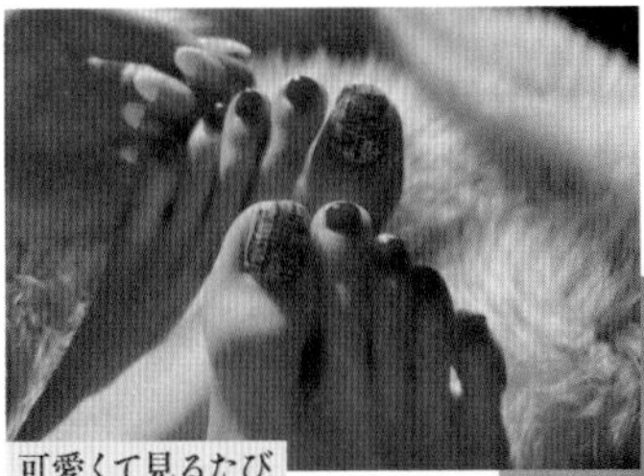

可愛くて見るたび
アガる赤チェック

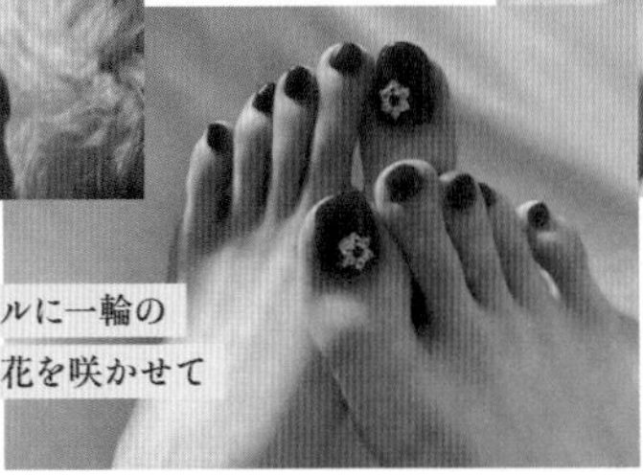

ネイルに一輪の
お花を咲かせて

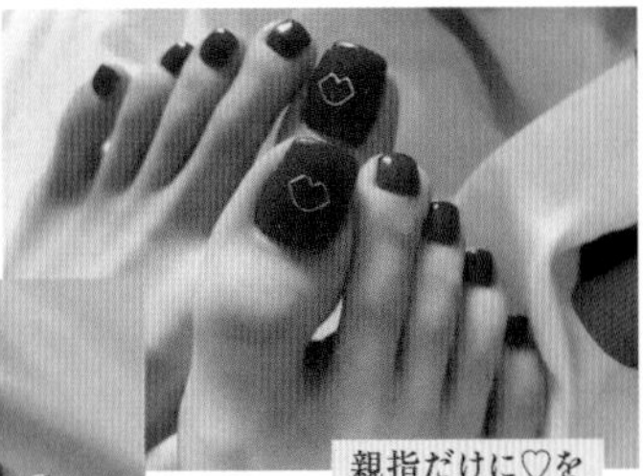

親指だけに♡を
効かせて

気分転換に投入するカラフルカラー

3週間つき合うデザインだから、気に入ったものでないと落ち着きませんが、旅行や暑い夏…気分を変えて色で遊ぶと新鮮。アイスブルーは涼しげ、イエローは春らしく。

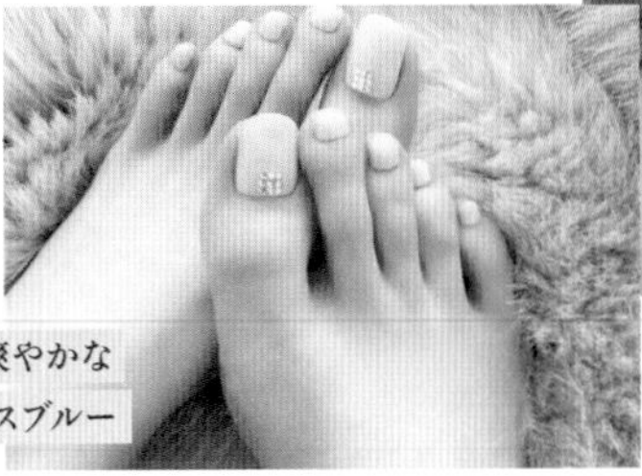

なんとも爽やかな
ニュアンスブルー

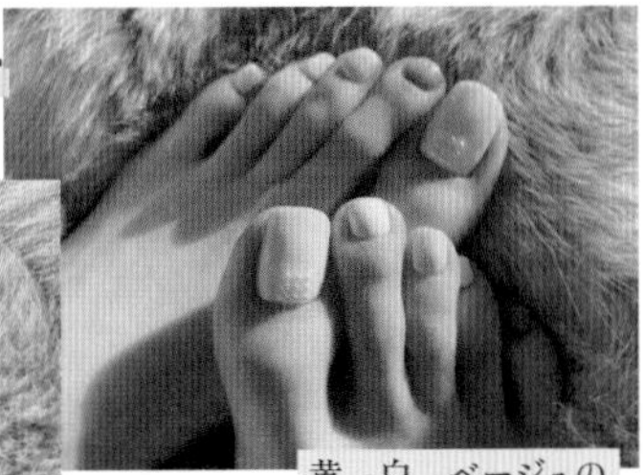

黄、白、ベージュの
相性が抜群

柄に挑戦するならシースルーに技あり

柄は服との相性が難しいので、少し控えめにして透け感のあるデザインがオススメ。キレイ!とSNSでよくコメントをもらうのも柄率が高くて、押し花やドット柄が人気!

シースルーblack×♡
×ベビーピンク

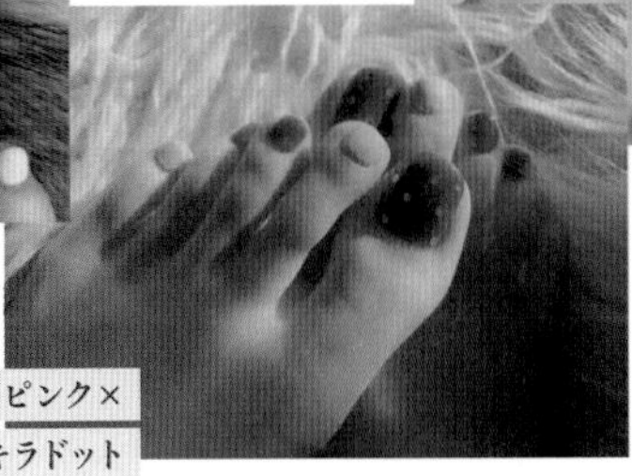

ブラウン×ピンク×
キラキラドット

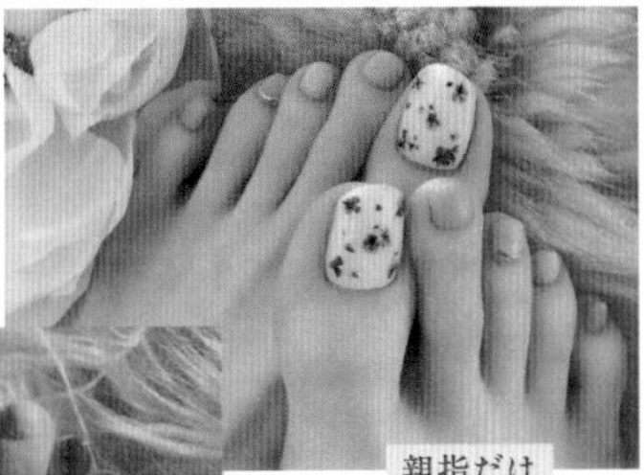

親指だけ
押し花しました

ヘアアクセ＆帽子で 毎日のコーデが新鮮に！

甘さをプラスしたり、カジュアルダウンしたり、ヘアアクセも帽子も、私にとってはアクセサリー感覚。コーデのポイントに欠かせないものです。使いやすいのは、やっぱり大人っぽいベーシックカラー！

高い位置でのポニテにリボンシュシュでも、甘くなりすぎず絶妙な大人可愛いバランスに仕上がる「トレス」。

ブラウンのワントーンでカチューシャも合わせて「シャポードオー」のものです。

ダウンヘアに垂れる長いリボンが可愛い太めカチューシャは「COEL」のもの。

スッキリまとめたハーフアップに太めリボンで、たまには思い切り甘くまとめたりも♡　リボンは「31 Sons de mode」のもの。

赤いバンダナ柄のシュシュは「WEGO」で購入したプチプラ。ちょこんとカジュアルなお団子につけてアクセントに。

ダウンスタイルのときは太めカチューシャをコーデのポイントに。「シャポードオー」のもの。

シックな黒の幅太カチューシャは、潔くおでこ出しで、ダウンヘアスタイルに合わせて甘さを引き算。

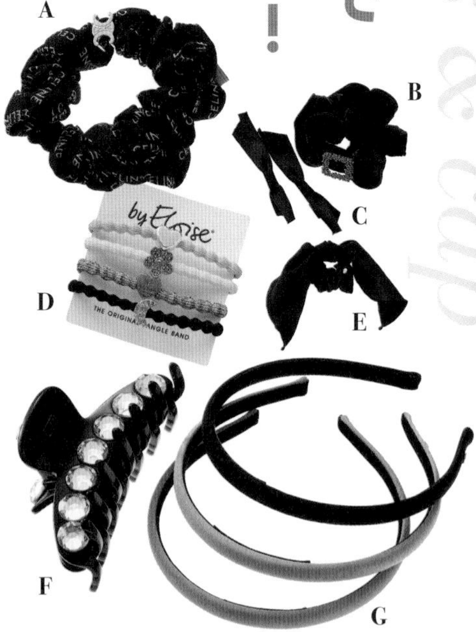

デザインの可愛さはもちろんだけど、ゴムがきちんと強くて伸びにくいとか、つけていて痛くならないとか、そんな実用性も大事! **A.**「セリーヌ」のシュシュはブランドロゴがワンポイントに。手首にそのままつけていても可愛い。 **B.C.**「サロンドデコルテ」は伊勢丹のポップアップで出会って購入。種類豊富で好きなデザインが見つかります。ヘアクリップは、メークするとき前髪を留めるのに活躍。 **D.**「バイ エロイーズ」のヘアゴムは、種類も豊富で雑貨屋で売ってるのを見るとつい買っちゃう! ゴムが強いからポニテのときも安心。 **E.**「トレス」のシュシュは見栄えもよくて、結んだときのゴムの強さがちょうどよい。リボンの大きさもバランスよく上品で、高い位置でポニテをしたときに、垂れてるスカーフふうに見えるのが絶妙。 **F.G.**大好きなヘアアクセブランドの「アレクサンドル ドゥ パリ」。特に1cm幅のカチューシャは、つけていても痛くならず、アップヘアのアクセントに大活躍! 大好きなので色違いで揃えています。ヘアクリップは、使った後も髪に跡がつきにくくてナチュラル。

キャップでコーデに遊び心をプラス

右上から時計回りに：「マックスマーラ」のキャップはカジュアルすぎない高級感がさすが。ベージュは「ダブスタ」、黒は「ボーダーズアットバルコニー」、普段から好きなブランドのものならコーデに馴染みやすい！王道の「ニューエラ」はカジュアルコーデの締めに。

トレンドのバケハはモード見えしすぎず可愛くまとめて

黒だとモードになりすぎるバケットハットは、ベビーピンクで投入して可愛く優しげに。どちらも「PRADA」のもの。

日差し対策にもマストなストローハットは肌見せバランス調整にも

右上から時計回りに：「COEL」は垂れるリボンがアクセントに。「KIJIMA TAKAYUKI」は広めのツバが可愛い。ラウンドしたツバが上品な帽子は「シャポードオー」。黒のカンカン帽は「KIJIMA TAKAYUKI」。

毎日使いやすい香りは
ヘア、ボディ、アロマ系♡

いつも強く香らせるのではなく、“自分だけが気づくくらいの香り立ち”がちょうどいいから、ヘアやボディに使うものや、自分の気持ちを整えるアロマ系をこよなく愛用。気分に合わせて選ぶのが楽しくて仕方ありません。

動くたびにふわっと髪から香るのは女性ならでは

C 決めの一本でオシャレな香り

B 何度もつけ直せる使い勝手のよさ

A 日常使いのヘアフレグランス

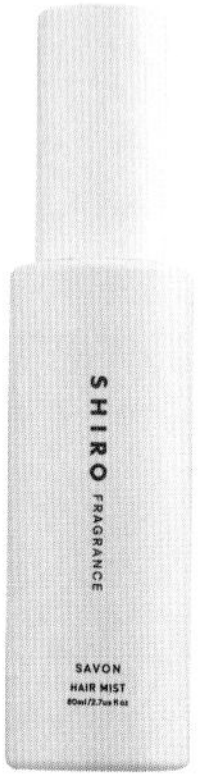

C 香水でなくヘアミストなことに意味がある! こんな素敵な香りが髪からするなんて。人生で数えきれないほどリピート中。SHIRO サボン ヘアミスト(シロ)

B 繰り返し足しても香りは自然で、髪は重くなりません。フローラノーティス リペアヘアオイル フレンチローズ(フローラノーティス ジルスチュアート)

A 手に取りやすく、年齢問わず好まれそうな清潔感ある香り。ツヤも出ます。フェルナンダ マリアリゲル ヘアオイルミスト(フェルナンダ ジャパン)

永遠にNo.1♡
女性らしさをかきたてるオードゥパルファン

なりたい女性像通りの香り

理想とする、柔らかなのに強く美しく凛とした女性になれた気がするとっておき! ミスディオール オードゥパルファン(パルファン・クリスチャン・ディオール)

そこはかとなくいい香りがする女性はボディも香りで磨く

C 深呼吸したくなる森林浴のようなミルク

B 恋を思い出してキュンとする香り

A ロマンティックさを纏うボディクリーム

A 思わず抱きしめたくなるというのはこういう香りかと思う、経験したことのないロマンティックな香り。ジュテームHボディクリーム〈オリジナル〉(セントネーションズ)

B 昨年出た新商品ながら、昔の恋を思い出すほど、キュンとする香り。20代くらいの世代が使ったら最強かも。イドル ボディ クリーム (ランコム)

C ヒノキみたいな清涼で爽やかな香りに癒されます。清々しく、リラックス効果が高まりそうです。アスレティアスムースボディミルク N 02(athletia)

マインドの変化や女性のゆらぎをアロマで整える

月のリズムに合わせて使う新発想オイル

新月から満月の間に右を使うと気分が盛り上がり、満月から新月の間に左を使うと気持ちがスッキリ。ウーマンリズム 右：ブライトニングオイル、左：バランシングオイル(endear spa)

心が解きほぐされるアロマセラピーオイル

左：002〈ナーブ〉は緊張をほぐしたいとき、中：007〈リプロダクティブ〉はホルモンバランスのゆらぎを感じたとき、右：014〈プロフォン〉は優しい気持ちになりたいとき。私の中でNo.1の心を見つめられる香り。ヴェルトゥーボディオイル002、007、014（エッセンシャルズ）

C 気分転換したいときに癒されています

B 売り切れ必至の優秀アロマ

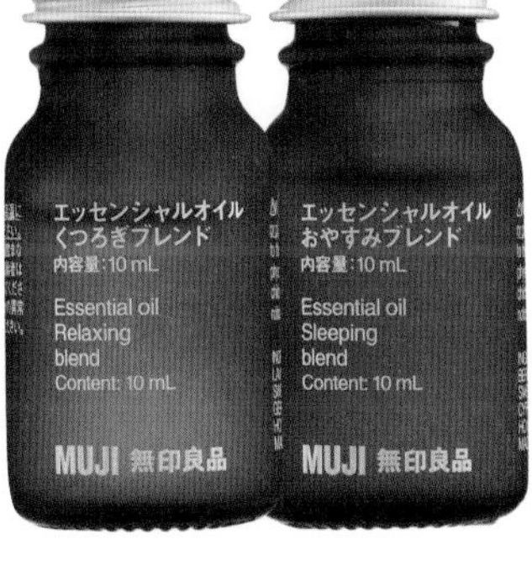

A お手洗いに行くたびラベンダーの香り

A デリケートゾーンに使う、粘膜から吸収させるエッセンシャルオイル。使用感はふんわり、じんわり。ビィオセンシィエールのWITH FOR BODY

B コスパ抜群。左：穏やかなラベンダー系を日中に。くつろぎブレンド。右：リラックスに効くベルガモット系をおやすみ前に。おやすみブレンド（無印良品 銀座）

C 忙しいとき、ストレスを感じたとき手に取ると穏やかな気持ちに。ニールズヤード ブレンドエッセンシャルオイル ウーマンズバランス（ニールズヤード レメディーズ）

美は健康から。毎日を支える
サプリ全公開

最近ますます力を入れているのが、インナーケア。ワクワクすることをずっと楽しむためには、元気でアクティブな体が資本だし、美も体の内側から! いいと聞いたものは積極的に取り入れます。

サッと手軽に摂りやすいもので続けることが大事

D 水素1ℓを凝縮したゼリーで疲労回復

B 毎日の腸活で溜め込まない体になる

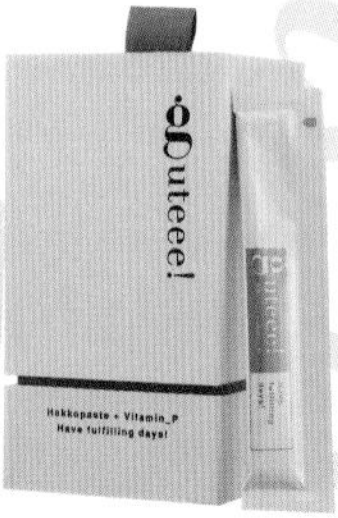

E 乳酸菌で腸活 満腹感を得て太りにくく

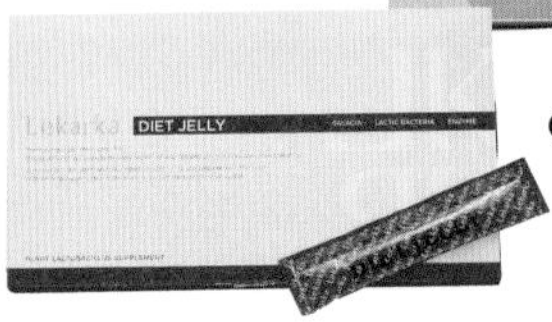

C 乳酸菌いっぱいの青汁

A 酵素&ビタミンPで腸活と温活

E たくさん食べる日の食前30分前に、コップ一杯の水で飲みます。ポリフェノールも摂取でき抗酸化。レカルカ フェイス&ボディサポート ダイエットゼリー(レカルカ)

D 息子も飲んでいます。疲れたとき、風邪を引きそうなときは一気に5包。食感がよくて美味しい。体が軽くなる気がします。高濃度水素ゼリー(Shinryo Healthcare)

C 見た目は青汁ですが、2種類の乳酸菌もイン。甘めの抹茶味。サラッと溶けて外出先でも2包くらい飲んでしまいます。むくみにも効く。Vegeholic(mukii)

B 見た目はきな粉。大さじ1杯をコーヒーに入れたり、フルーツやナッツと一緒にヨーグルトにかけるだけで、毎日自然に腸活できます。ルルミルク(Smart Lab)

A 起床後このペーストで血流UPして体温も上がる気がします。8年熟成酵素+ビタミンPは運動前やお酒の前後、日差しを浴びる前にも◎。guteee!(CREAM.)

話題のサプリも積極的に。飲むほど「なんかいい」を実感

E NMN初心者にオススメサプリ

D 白目ケアをサプリで

C 1日に必要な栄養の6割を1袋に

B 漢方で、眠りの質が改善!

A NMNをリポ化と聞いて興味が

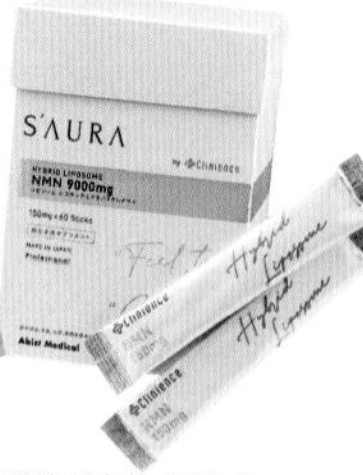

E 友人が飲んで髪がキレイになっていったのでトライ! お手軽な値段で純度99.9%のNMN3600mg配合。GREEN NMN EXTRA RICH SUPPLEMENT(ラングレー)

D 白目のクリアさにアプローチできるなんて、飲まないわけにはいきません! PCやスマホからも目を守ってくれます。ミラグロAG(リジュベネーション)

C 1日に1袋飲んでいます。50種以上の栄養素が個包装にまとまっていて便利。タカミサプリ[栄養機能食品〈ビタミンC〉](タカミ)

B 夜中に何度か目が覚めてしまう悩みが、2週間服用して改善しました。胃が弱い人向き。イスクラ温胆《うんたん》湯《とう》エキス顆粒(イスクラ産業)

A 環境が変化するとき、疲労感を感じるときは1日2包飲みます。NMNを1包に150mg配合。S'AURA by クリニエンス リポソームNMN(クリスティーナクリニック銀座)

ハードスケジュールを乗り越えるお供のドリンクたち

F 1日1本の ヤクルトシロタ株

D 透明感を上げたいときの 1weekビタC習慣

A 滋養強壮に 月1、2回

B 元気が湧いてくる お守りドリンク

G 北海道の 最強ハーブ

E 肌にも髪にも 必要なケイ素

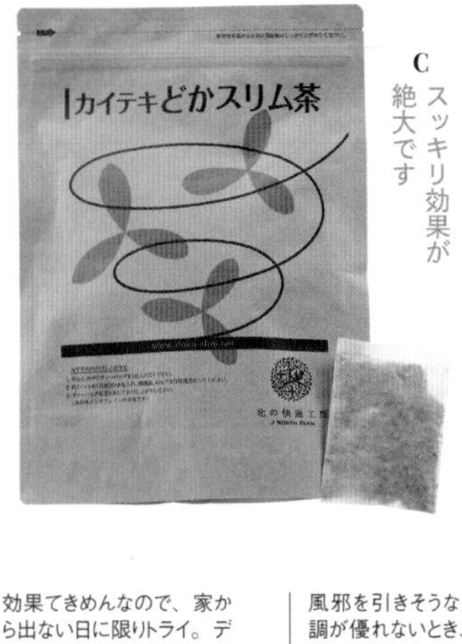

C スッキリ効果が 絶大です

G ここを乗り越えなければ!のときに究極のお助けドリンク。機能が回復するという、北海道のエゾウコギを配合。ヤクハン製薬の滋養強壮新エゾエースH

E 味がないので飲み物に数滴垂らして飲んでいます。美に欠かせないミネラルだから気がついたら摂取。ケイソナノプレミアム（エステプロ・ラボ）

C 効果てきめんなので、家から出ない日に限りトライ。デトックス効果を期待したいときに。北の快適工房 カイテキどかスリム茶（北の快適工房）

A 風邪を引きそうなとき、体調が優れないとき、お湯で割って飲んでいます。若甦ノンカフェ内服液Gゼロ（日邦薬品工業）

F 1日1本で免疫力が高まる安心感が。乳酸菌の力を信じています。最近熱も出さず風邪も引かないのはきっと飲み続けているから。New ヤクルト（ヤクルト）

D 1週間飲むと肌が変わります。ビタミンC誘導体が体の中で効率よくビタミンC摂取をサポート。低分子コラーゲン配合。APC ドリンク（アイ・ティー・オー）

B ハードな撮影が続いて限界なときも1本で生き返ったかのように回復します。サンサムは高麗人参のひとつ。ザ サンサム サプリ（レカルカクリニック）

Chapter 3

＼美香流／

TPPO

- いつ
- 誰と
- どこで
- どんな予定

このイベントなら、この服この髪このメーク

仕事はもちろんプライベートでも

写真を撮るのは、私にとって欠かせない日常。

だから服は、その日行く場所でどんな写真を撮る?を

まずイメージしてから＋機能面も加えて全身コーデ♡

そうすると、普段の何気ないお出かけも

イベント化して楽しさ倍増!

そんな楽しみ方をALL私物コーデで、お届けします。

学校行事

テーマパーク

デート

女子会

【T/P/P/O】

T Time　平日昼間に

P Person　モデル仲間と

P Place　話題のホテルのイタリアンで

O Occasion　定例女子会♡

“女子会 一番アガる日は、メークも服もトレンド盛り盛りで！”

好きなブランドの新作をいち早く着たり、自分の“好き”に忠実に、気分がアガるもので固めていくのが女子会コーデ！ 集まる友達もオシャレに敏感な人ばかりだから、話題にもなるような今っぽさを意識します。

全身映え重視、盛ってなんぼ♡

アフタヌーンティーはSalon de Louis南青山店で。モデル仲間とのお祝い会や親友との近況報告会は大好きなジレやワンピースなどを合わせて。

＼その服どこの!?とみんなで情報交換／

FASHION

Outfit of the day

#OOTDは…

One-piece : *N°21*
Shoes : *BOTTEGA VENETA*
Bag : *ALAÏA*
Earrings : *Roger Vivier*
Necklace : *Bijou de M*
Ring : *carat a*

肌見せで可愛く、小物で引き締め。ちょいモードなバランスを楽しみます

大胆な脚見せも 女子会だからこそ

赤のギンガムチェックが永遠に可愛いミニワンピ♡　肌見せ服は甘いディテールは避け、シンプルなデザインでかっこよく。大胆かつ潔くまとめます。

ジュエリーは

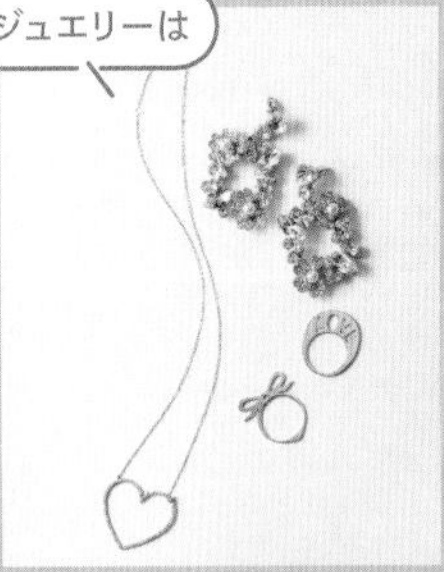

靴は

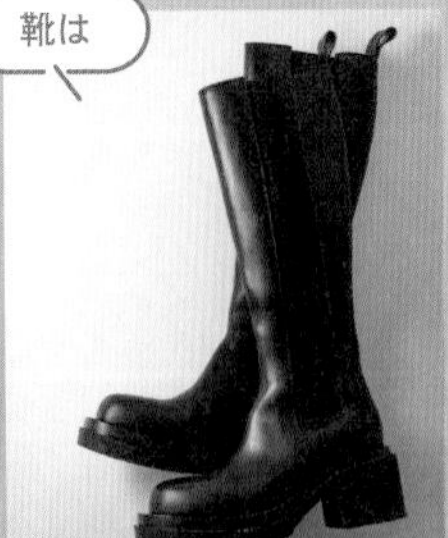

ボッテガ・ヴェネタのロングブーツは甘辛バランスを絶妙に整えてくれるから、ミニに合わせる必需品。ジュエリーはキラキラしたものでまとめます。

ブーツやバッグは 辛口にふって

これでヒールだとボディコンっぽくなってしまうので、ゴツめなブーツとバッグを合わせて、女っぽさを引き算。クールに仕上げます。

大胆デザインの ピアスは女子会仕様

ゴージャスなロジェ ヴィヴィエのピアスが注目の的。ビジュードエムのダイヤオープンハートネックレス、カラットアーのリングで軽やかな可愛さを。

MAKE-UP

Make-up of the day

#MOTDは…

トレンドカラーを質感で遊んで、“わかってる感” 抜群なオシャレ顔

ハイライトで肌をツヤッツヤに仕上げて写真でも映え！

頬の上部、眉毛の下、眉尻の下、こめかみなど、顔の骨格が高い位置に指でのせてツヤ感をプラス。クリームタイプで上品な輝きに。

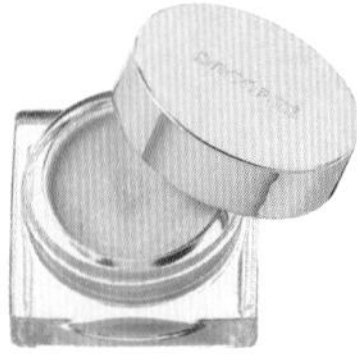

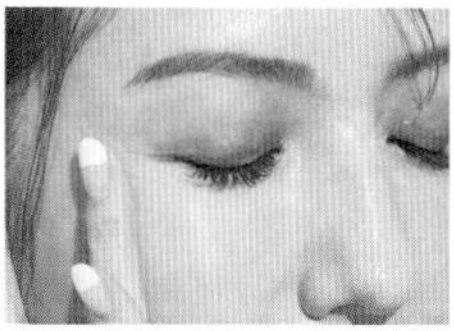

DECORTÉ

ディップイン グロウ クリーム ハイライター 02

ツヤ肌とのメリハリでハンサムさが引き立つマットリップ

リップはマットな質感を選べば、ツヤ肌とのコントラストが際立ってよりクールな印象に。色落ちしにくく食事中も安心。レンガ色でオシャレ見え。

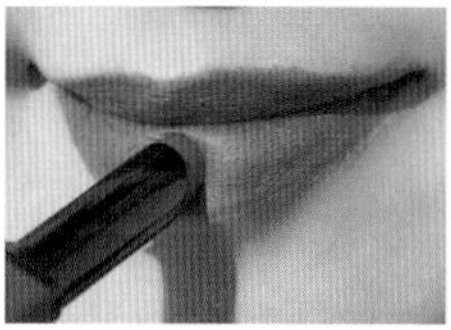

NARS

パワーマット リップスティック 101

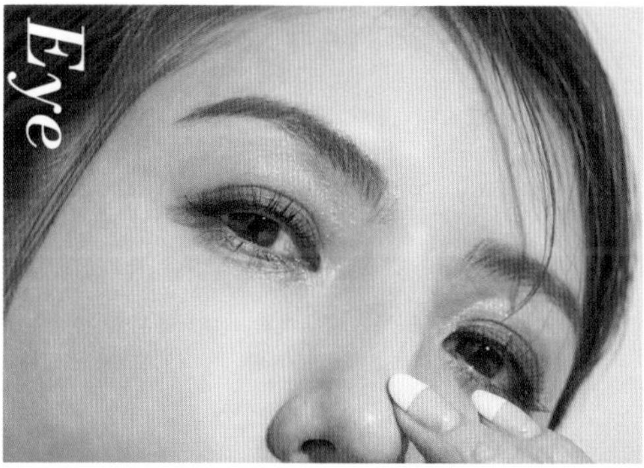

トレンドど真ん中のレンガ色シャドウ。質感MIXで立体感強調

左下のマットなオレンジを二重の幅に入れて、中央に左上のキラキラを重ね立体感を強調。唇と同系のレンガ色に。下まぶたもうっすら同系色に。

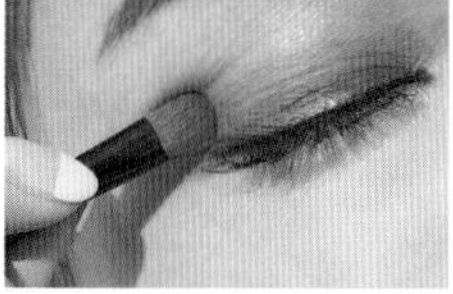

SUQQU

シグニチャー カラー アイズ 13

HAIR

Hair style of the day

#HOTDは…

中野製薬

モデニカ
ナチュラル J

程よいウェットな質感とツヤが一日中キープできます。束感を出しやすいのにベタつかず、柔らかな仕上がりのジェル。（中野製薬）

顔の輪郭を
スッキリ出して

タイト＆ウェットに仕上げた髪が全身の引き締め役

ミニワンピースをハンサムに仕上げたいから巻き髪はNG。無造作な髪をタイトに、オイルやバーム使いでウェットにまとめます。前髪もふんわりより束感を強調してモードなスパイスに。

＼ TPPO別バッグの中身見せて! ／

「それどこの?」なキラキラで
キャッチーなアイテムをちりばめて

モードと可愛さが同居した♡型

ALAÏA

ブラックレザーの立体感ある端正なハート型が、モードな雰囲気を格上げします。甘辛コーデにぴったり!

A ロジェ ヴィヴィエのフラワーストラスコインパースを小銭入れに。ネオンカラーとキラキラが見えると気分が上がる♡

B レカルカのモイストシャインミストは、乾燥が気になったら、メークの上からひと吹き。超微粒子でツヤ肌効果も。

C Vegeholicの青汁は、水に溶けやすく飲みやすい。乳酸菌と食物繊維も豊富で、外食時の腸活を1包でサポート。

D レカルカのダイエットゼリーと1杯のお水を食事の30分前に食べておきます。満腹感を得ながらポリフェノールも摂取。

E ラボンホリックの香水バームは、デザインが可愛くて購入。ネイルや髪の保湿をしながらシャンプーのようないい香り。

F TIPPIのヘアゴムは、髪を結んでも腕につけても、目を引くデザイン。いろいろなカラーやデザインで集めています。

G TIPPIのヘアクリップは、食事中、落ちてくる髪を留めたいときに、可愛くまとまる。前髪にもちょうどいいサイズ感。

H スナイデル ホームのベロアポーチは、女子会でバッグから出してもキラキラ可愛くて話題に。マチが広く大容量。

I MIU MIU のストラップ付きスマホケースは、華やぎコーデにマッチ。スマホケースは、その日の服に合わせ替えます。

J 横浜・元町の老舗、近沢レース店のタオルハンカチは実用性と可愛らしさを兼ね備え、アイロン不要で重宝。

K HACCIの限定チョコレート。話題のものをプチギフトに。皆の笑顔を思い浮かべながら選ぶ買い物時間も楽しい。

【 T/P/P/O 】

T Time　平日17時

P Person　気になる彼と

P Place　都内の隠れ家お寿司屋さんで

O Occasion　しっぽりデート

デート

“シンプルで上品に、柔らかく。〝なんか女っぽい〟くらいがちょうどいい”

清らかで柔らかく、色やシルエットも優しげで上品にまとめます。奇抜さやトレンドより、ベーシックに少しの華やかさを足すことを意識して、肌見せは控えめに。メークも、色はヌーディ、質感で女っぽさを。

服もメークも
顔色がよく見える
色選びで

＼お料理を引き立てスッキリ／

高級レストランや割烹などラグジュアリーな場所でお食事デートなら、やっぱり上質でシンプルなワントーンコーデが頼れます。

FASHION

Outfit of the day

#OOTDは…

淡色カラーで顔映りよく、フィット&フレアでスタイルアップ

One-piece : *CELFORD*
Shoes : *Gianvito Rossi*
Bag : *Valextra*
Bracelet : *Van Cleef & Arpels*
Earrings&Ring : *carat a*

スタイル美人ワンピで好感度◎

フィット&フレアで、程よく体に沿うニットワンピースで、柔らかな女性らしさをさりげなく感じられるように。優しげなピンクなら好感度も高い。

ワントーンで優しく可憐に

白やパステル系の淡いカラーの全身コーデが上品で可憐。顔映りよく、肌を美しく見せてくれます。どんなお店にも馴染むスタイルが安心です。

主張せず横顔に華を添えるジュエリー

お寿司屋さんではカウンターに並ぶから、横から見られたときにさりげなくエレガントなパール系のピアスが◎。手元も華奢なリングで上品に。

ブレスレットはヴァン クリーフ&アーペルのアルハンブラ、ピアスとリングはカラットアー。ピンクのレースアップサンダルは、ジャンヴィト ロッシ。華奢でヌーディな姿がたまらなく大好き♡

MAKE-UP

Make-up of the day #MOTDは…

柔らかヌーディにまとめたら、ツヤやラメで女っぽさを盛って

Skin

キメをふっくら整える重ねハイライトで接近戦にも自信

パール系下地で全体に上品なツヤを仕込んでくすみをオフ。ファンデも薄づきに。さらにハイライトをブラシで頬にのせ、ふっくら幸せな笑顔に!

DECORTÉ
ロージー
グロウライザー

DIOR
ディオールスキン
フォーエヴァー
クチュール ルミナイザー

Lip

ティントリップを仕込んで、食べて落ちても血色キープ♡

ベースにティントリップを仕込んでおけば、食事してリップが取れてきても血色感がキープできるので安心。ピンクベージュのリップを重ねて品よく。

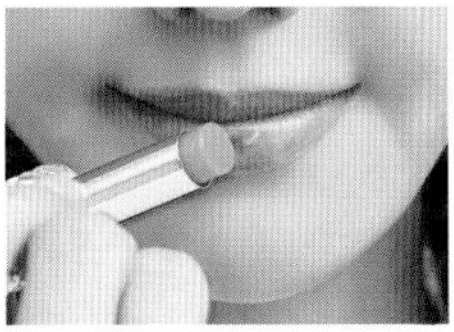

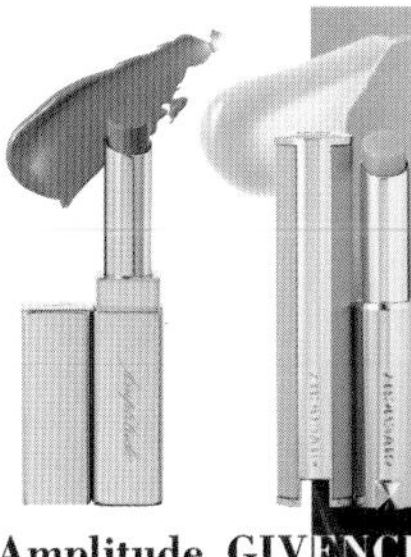

Amplitude
コンスピキュアス
クリーミー
リップス 03

GIVENCHY
ローズ・
パーフェクト
001

Eye

下まぶたにラメシャドウで、涙袋ぷっくり、瞳に透明感

ピンクみを含んだブラウンのグラデーションパレットは、美人度が格段にUP。下まぶたに真ん中のラメをのせて、ふっくらした涙袋と澄んだ瞳を演出。

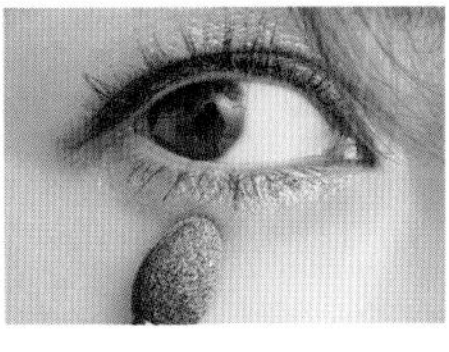

LANCÔME
イプノ パレット 18

HAIR

Hair stile of the day

#HOTD

上品なゆる巻きで、カウンターの隣でも見惚れさせる横顔に

リバースとフォワードの大きなミックス巻きを、しっかりほぐしてランダムに。空気をはらませた無造作な髪が揺れるたび、自然な色気を感じさせます。

＼ TPPO別バッグの中身見せて！ ／

色味も質感も上品さ重視。
食事を見据えた
準備も忘れずに

白×ワンハンドル
で上品さを格上げ

Valextra

ミニ イジィデは、白でも汚れにくいレザーで長年愛用。清楚なワンピースからカジュアルスタイルまで合わせやすい!

A エミリオ・プッチのハンカチは、プリントが美しい。服や小物に合わせたカラーで、ハンカチを選んでいます。

B ボナベンチュラのティッシュケースはレザー素材で高級感が。お食事中のハプニングでバッグから出しても素敵。

C ボナベンチュラのミニジップウォレットは、シェルピンクが可愛く収納力も抜群。嵩張らない名品で何度もリピート。

D ドクターズの歯間ピックキーチェーンで、化粧室でお口の中をチェック。フロスより汚れが落ちケースも可愛い。

E Mieu Mieuエスティック04はリップタイプの練り香水。前髪直しもでき見た目もスタイリッシュ。ホワイトムスクの香り。

F アンジェリックのフラワーエッセンス「Self Love」。自分自身の美しさに気づき、慈しみ大切に受け入れられます。

G 目薬のサンテ ボーティエ。カウンターでのお食事は近距離。瞳もみずみずしくクリアに。ルビーカラーが映えます。

H ジュテームHのフレグランスリップスティックは、唇や鼻の下に。女っぽい気分に浸れます。媚薬的な成分配合。

I スリーコインズのポーチは中身が透けてもオシャレ。一目で中身が見えるので照明が暗めのレストランでも使いやすい。

J アニス・ド・フラヴィニーのキャンディはお口直しに。粒が小さく口の中で邪魔にならず、長年買い続けている名品。

テーマパーク

【 T/P/P/O 】

- **T** Time　学校休みの平日
- **P** Person　息子、息子の友達の仲良し家族と
- **P** Place　テーマパークで
- **O** Occasion　朝から晩まで遊びつくす!

“思い切り楽しみたいからこそ、楽で、映えて、機動力高く!”

シャッターチャンスが盛りだくさんのテーマパークは、
どのキャラになる?を考えてコーデを意識♡
柄物や映える赤を効かせて、思いっきりアクティブに!
気分を盛り上げるグッズやメークも必須です。

美香カラーの赤は写真でも映える!

＼インスタジェニックな背景で／

夏は浅草花やしき、冬はさがみ湖リゾートプレジャーフォレストで。全身ホワイトやボーダーの印象的なアクティブコーデ×映えバッグが定番。

FASHION

Outfit of the day

#OOTDは…

Outer : *Vintage*
All-in-one : *uncrave WHITE*
Shoes : *DOUBLE STANDARD CLOTHING*
Bag : *setsuko sagittaire*
Necklace : *Van Cleef & Arpels*
Bracelet : *in mood*
Earrings : *burself*

サロペ&スニーカーでストレスフリー。差し色の赤でキャラクター気分!

水玉サロペットでキャラクター気分

締め付けがなく楽チンで、一枚でも絵になり、キャラクターにリンクして映える。サロペは万能なマストアイテム! 温度調節にジャケットを羽織って。

バッグと小物の差し色が映えに

テーマパークのキャラクターに合わせて、赤を効かせたコーデは気分もアガります。全身で写真を撮ったときも映える!

ネックレスは赤のヴァン クリーフ&アーペル、burselfのイヤリングとインムードのブレスレットでカジュアルに華を添えて。ダブスタの大きめ白スニーカーで、活動的ながらスタイリッシュに。

MAKE-UP

Make-up of the day

#MOTDは…

赤を効かせて写真映え万端!
さらにキープ力も両立させます

赤アイシャドウは ラインも重ねて とことん華やかに

赤を目元にも差して統一感を。左上をアイホール全体と下まぶたにのせ、真ん中の赤でラインを入れて。ワントーンメークで崩れ知らず。

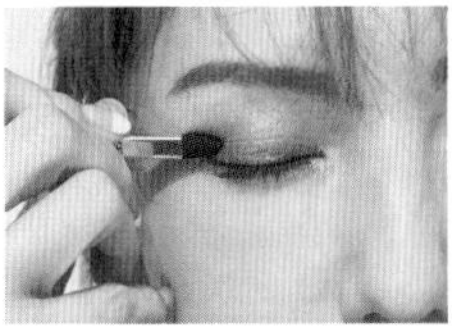

DIOR

サンク
クルール
クチュール 879

薄膜密着ファンデなら長時間外でも 崩れ・ヨレ知らずの肌

ロングラスティングの薄膜ファンデで、崩れを気にせずアクティブな肌で過ごせます。目尻や小鼻の周りなど崩れやすい箇所は指で丁寧に密着させて。

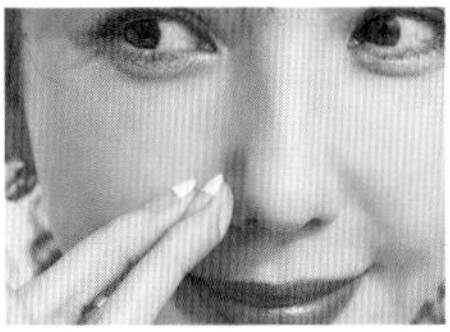

DECORTÉ

ゼン ウェア
フルイド N34

マルチカラーで ワントーンにまとめれば お直しも楽チン

チーク、リップ、アイと、マルチに使える血色感スティックカラー。崩れをテンポよく鮮やかワントーンにお直し。指でぼかすと自然な色に。

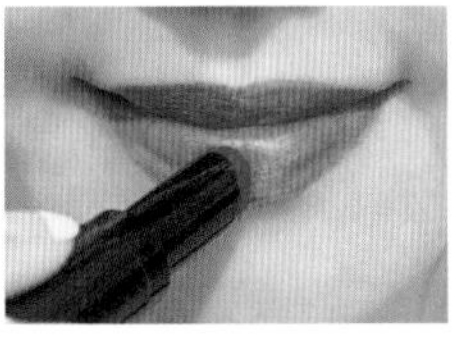

Visée AVANT

マルチスティック
カラー 012

HAIR

Hair style of the day

#HOTDは…

動きやすくて写真でも映える、遊ぶ日はポニーテールが最強！

行動範囲が広く、汗をかいたり風に吹かれたり、水しぶきを浴びたり、よく動く一日にはポニーテールがベスト。ゆるっとしたおくれ毛が全方位可愛い、カジュアルポニテで。

＼ TPPO別バッグの中身見せて！ ／

一日中外でも快適に過ごせるグッズを厳選！

赤なら気分もアガる♡

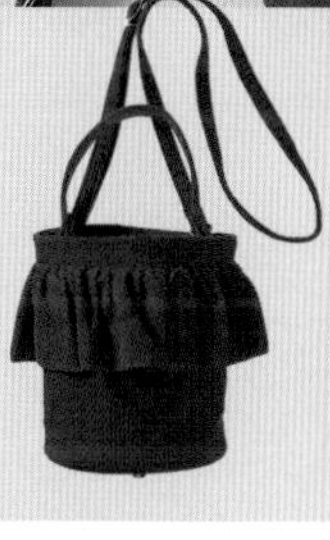

映えデザインで
収納力あり

setsuko sagittaire

ハンズフリーにしたいから斜め掛けできるバッグが大活躍。映える見た目以上に、マチが広くて容量たっぷり。一日中快適。

A ラドロー×ロンハーマンの別注バッグは、購入したお土産を入れるのに軽量&大容量。バッグに忍ばせます。

B ジェラート ピケのポーチは、テーマパークでバッグから出しても、景色と一体感がある色とハート型をチョイス。

C フェイラーのハンカチは丈夫で汚れに強く、アウトドアでのアクティブな動きに重宝。絵柄が可愛くコレクションも。

D ハンディ扇風機は、夏のテーマパークの必需品。灼熱の待ち時間にクールダウンして、一日中元気に。

E めぐりズム 蒸気の温熱シートは、冬のテーマパークでもぽかぽかに。背中など好きな場所に直貼りできます。

F おやつのチョコレートは、フライングタイガーのジッパー型ポーチに入れて。小腹がすいたときすぐ食べられる癒しに。

G Sannyの除菌ミストは、除菌が頻繁に必要なテーマパークで、肌に優しく効果が続くので重宝します。

H MIU MIUのカードケースは、ハンズフリーで過ごしたいテーマパークに必須。普段から大きな財布は持たない主義。

I 写真を撮るシーンが多くスマホがすぐ電池切れに。急速マグネット充電、大容量、ワイヤレス！ 楽天で購入。

J 外での待ち時間が長いので、目からの紫外線対策。風や日差しで乾燥するので、瞳の潤い対策にも。楽天で購入。

K フローラノーティス ジルスチュアートのUVクリームは、SPF50＋・PA＋＋＋＋で◎。センシュアルジャスミンの香り。

【 T/P/P/O 】

T Time　少しずつ暖かくなってきた春

P Person　ママ友や先生も全員集合

P Place　息子の学校で

O Occasion　涙が止まらない卒業式

学校行事

“服もメークも知的にミニマムに。泣いても凛とした母でいたい”

子どもの先生や友達の保護者に顔を合わせるから、
控えめでも凛とした母らしい装いで。息子の晴れやかな
姿に胸がいっぱいで、涙が止まらない予感だから、
崩れてもきちんと感をキープできるメークが必須です。

“いい母”シーンの
鉄板色ネイビーで

＼息子の入学式のリアルコーデ／

晴れやかな入学式には、エレガントな淡色のツイードのセットアップで参列。堅苦しくなりすぎずに品よくまとめました。

FASHION

Outfit of the day

#OOTDは…

Tops : *Sov.*
Bottoms : *Sov.*
Shoes : *Gianvito Rossi*
Bag : *JIMMY CHOO*
Earrings : *Van Cleef & Arpels*
Necklace : *Tiffany*
Bracelet : *Cartier*
Ring : *Magnolia White*

王道〝いい母〟な ネイビーセットアップは 小物で軽やかに

堅苦しくなりすぎない パンツのセットアップ

いかにもなフォーマルスーツより、好きな洋服ブランドが作るセレモニーらしいセットアップを選ぶのも手。堅苦しくなりすぎず、上品ながら抜け感も。

ネイビーに淡色を 合わせて軽やかに

ママのオフィシャルカラーネイビーも、小物を白やベージュでまとめれば、重くなりすぎず軽やかさがプラスできます。

ジュエリーは上質 で小ぶりがマスト

主張しすぎないように、品よく小ぶりな一粒ダイヤやパール感覚でつけられるものを。大人の装いで、セレモニーへ臨む厳かな気持ちを表現します。

ジュエリーは

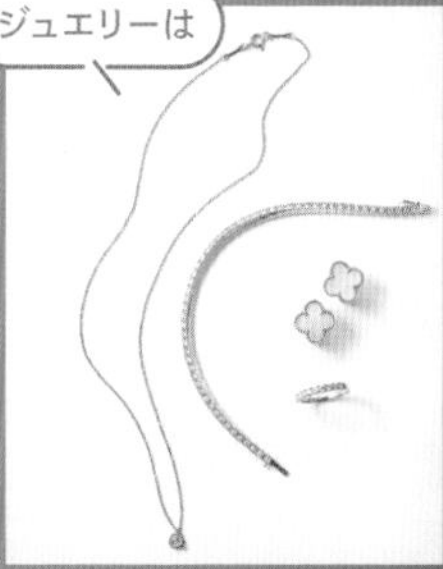

靴は

ヴァン クリーフ&アーペルのピアス、カルティエのブレス、ティファニーのネックレス、マグノリア・ホワイト ジュエリーのリング。靴は、ジャンヴィトロッシの低めヒールのパンプス。

MAKE-UP

Make-up of the day
#MOTDは…

フレームをしっかり引き締めて、涙で崩れてもきちんと感キープ

ペンシルで毛感を強調した眉で凛としたオーラを

泣いて崩れると目元の印象がぼやけるから、眉できちんと感をキープ。超極細の0.9㎜ペンシルで毛を描き足し、輪郭と存在感を出します。

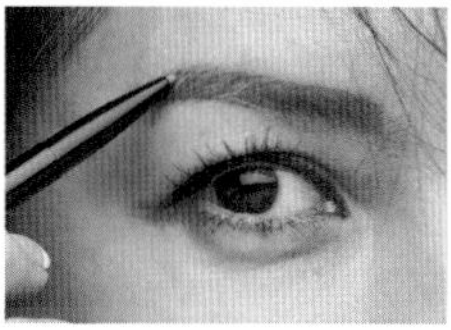

CEZANNE
超細芯
アイブロウ 01

リキッドアイライナーでキワを締めれば知的さが宿る

アイラインは目尻を長めに引いて引き締めます。涙にも動じないウォータープルーフが安心。漆黒のラインでまつ毛のキワまでしっかり埋めて。

LANCÔME
イドル ライナー
ウォータープルーフ

ラグジュアリークリームFDなら指塗りで端整な仕上がり

涙でヨレが予想される肌に、重ねても厚塗り感ゼロで密着。美容成分がたっぷりで伸びがよく、軽いつけ心地ながら、指塗りでも上質な肌に。

LANCÔME
アプソリュ タン
サブリムエッセンス
クリーム 110-PO

HAIR

Hair style of the day

#HOTDは…

ケラスターゼ

ユイル
クロノロジスト
R

ストレートの美しさが際立つ、健康的なツヤ髪に。タオルドライの後に、髪の中間から毛先に向けて手ぐしで浸透させてから乾かします。

あえてのサラツヤ
ダウンストレートで、
洗練された上品な母親像に

サラサラのダウンヘアで清潔感を意識。堅めの服には、気合を入れて巻いたりハーフアップにするより、ケアが行き届いたシンプルストレートでコンサバすぎずノーブルな母親を演出。

目元の追い保湿に重宝

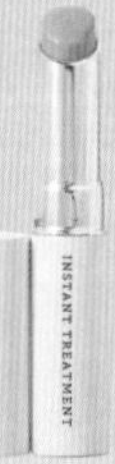

RMKのインスタントトリートメントスティックは、細くて小さくて持ち運びに便利。ピンク色の濡れ感がリッチでとろけるよう。目元などに。(本人私物)

リップのツヤが長持ち

資生堂のdプログラムのリップモイストエッセンスは、私史上、一番長く唇にぽってり残るリップ。こまめに直せない日に必須。(本人私物)

涙崩れした目元のお直し

ラディアント タッチは、光の力で明るく立体的に見せ、透明感も瞬時にプラス。泣いた後のヨレ直しに◎。(イヴ・サンローラン・ボーテ)

泣いて崩れるかも…
な卒業式は
お直しコスメ
も必須!

＼ TPPO別バッグの中身見せて！ ／

学校対応の真面目な日でも“ほんのり遊び心”が美香流

膝の上に収まりのよいサイズ感

JIMMY CHOO

白のバッグでネイビーコーデに抜け感を。座ったとき膝の上にのせやすいサイズ。ワンハンドルだと上品さをさらに格上げ。

A アンテプリマのラメトートバッグは学校でもらった書類を収納。大容量で、服とのバランスもよく校舎内で浮きません。

B クリスチャン ルブタンのルームシューズは、靴下みたいに小さくたためる。リボンもセレモニー服に合う美人アイテム。

C アニヤ・ハインドマーチのクリアポーチは、手帳やペンも入り中身が見えるから便利。目のマークも可愛い。

D by Eloiseのヘアゴムは丈夫で大好き。髪を結んで使った後に、セレモニー中は手首につけておいても違和感なし。

E ukaネイルオイル13:00。学校では何かを受け取るために手元を出す機会が頻繁。気分をシャキッとさせ指先に潤いを。

F マヌカハニーのオーラルスプレーは、式の最中でも体育館でお口にひと吹き。喉のイガイガがすぐに治まります。

G クナイプの「きっとうまくいくよ」とメッセージが書かれた癒しのハンドクリーム。手に取って落ち着くアイテムをイン。

H アメリカンファーマシーで買ったミニメモ帳とプラザで買ったボールペン。大切な事柄は、手書きでメモ派。

I アニエスベーのハンカチは、涙の卒業式のお守りアイテム。服に合わせたダークトーンにハート柄で遊び心も。

Around

¥1,000

可愛くて お値段以上見えな食べ物 が負担にならない!

ちょっとお礼したいときのバラマキギフトは、やっぱり消えものが贈る側にももらう側にも手頃で重宝します。見た目が可愛ければそれだけで高見え!

PETIT GIFT

いざというときに あってよかった!なパン

美味しいうえに最長3年長期保存できるので、備蓄やアウトドアシーンにもあると安心。CANNED BREAD 長期保存できるデニッシュ缶 プレーン(アンジェ web shop)

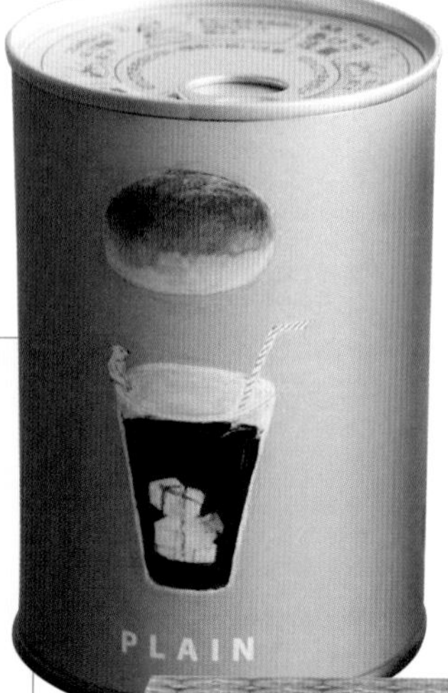

たお礼に。ギフトTips

1枚でも高級感。バリエ豊富だから バラマキに最適

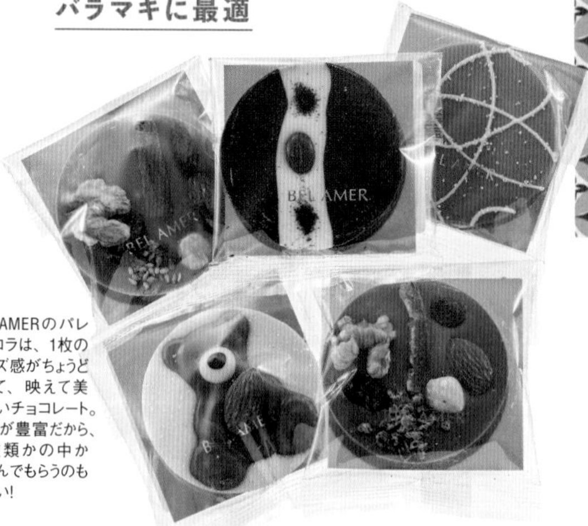

BEL AMERのパレショコラは、1枚のサイズ感がちょうどよくて、映えて美味しいチョコレート。種類が豊富だから、何種類かの中から選んでもらうのも楽しい!

定番ギフトのお茶は お気に入りパケ&味で

いくらあっても嬉しいティーバッグはバラマキギフトの定番。種類を組み合わせ、好きなフレーバーをお裾分けする感覚で渡します。URESHINO CHAMOMILE TEA(村上美術)

COLUMN

COLUMN

Column ちょっとし

美香のプチ

感謝の気持ちを伝えたいときやお祝いを贈りたいとき、「何を渡そう?」と想像する時間も楽しいギフト選び。贈る相手やシーンによっても変わるから、価格帯別に考えました!

Around ¥3,000

いくらあっても嬉しいものを ちょっといいブランドで

高すぎず安すぎない、リアルプライスのギフトは“毎日必ず使うものだけど、自分では選ばないようなちょっといいもの”が地味に喜ばれます。

使って感激の 心地よい リップバーム

色を選ばないリップバームは、誰に差し上げてもOKな安心感があります。優しい塗り心地で口紅の下地として優秀。SNIDELモイスチャー リップバーム(SNIDEL BEAUTY)

消耗品の靴下を 可愛い デザインで

いくらあっても困らないから、意外と喜ばれるのが靴下。王道ブランドでも、あえて、自分では手に取らなさそうなデザインを選んだりします。ピエールマントゥーの靴下（私物）

香りものは 珍しい形で 驚きを

香りものを渡すなら万人受けする爽やかな香りのものを! タブレット型は、なかなか自分では選ばないからもらうと嬉しい。タボレッタ フリージア（サンタ・マリア・ノヴェッラ銀座）

Around ¥10,000

こんなのあったの!? な誰もが知る ブランドの隠れ名品を

少し奮発して大切な人に渡したいギフトは、有名ブランドの中でも「こんなのあったの!?」と実は知られていない、でもいいものを選んで、プチサプライズに。

一度食べたときの 感動をお裾分け

実は高級なハチミツ。特にハニーコムは食べる機会が少ないはずだから、食べたときの感動を知ってもらいたくて! パンにのせても美味しい。HACCI 巣蜜（HACCI）

大好きハイブランドの 名品も実は選べる

実用性があるハイブランドのものは無条件にアガる♡　エルサ・ペレッティ™ オープンハート キーリング（ティファニー／ティファニー・アンド・カンパニー・ジャパン・インク）

Chapter 4

毎日楽しく過ごす
秘密はココに♡

プライベート公開。
美香HOME

毎日大半の時間を過ごすおうちの中。
外でアクティブに過ごすパワーを
蓄えるためにも、好きなものに囲まれた空間で
気持ちも体も整えることがとっても大事!
“ワクワクする”を基準に選ぶだけで、
おうち時間がもっと心地よく整う、
私の暮らしの必需品のヒントをお届けします。

One-piece : *AVN*
Earrings : *ABISTE*

花のない日はありません

花のある暮らし、花の写真を撮ることは、気がつけばずっと続いている趣味のようなもの。FUGAなどお気に入りの花屋さんのお花にトキめくこともあれば、スーパーの入り口に何気なく売られている花を手にして癒されることもあるし、忙しいときは花屋さんのデリバリーも楽しんでいます。活けた花には話しかけるように暮らし、花瓶もインテリアとしてコレクション!

叶うならお花に
囲まれて暮らしたい♡

花瓶はシンプルモダンなタイプが好きです。お花を最後まで長く楽しむために、いろいろなサイズ感で集めています。アスティエ・ド・ヴィラットのピッチャーベースは買ってきてすぐの花束を活けます。インテリアとしても佇まいが美しく、ホワイトで口も広いのでスペースや花を選びません(1、2)。我が家に迎えてゆっくり気持ちよく咲き続けてくれるように、フィリッピのフロートベース(4)、青山フラワーマーケットで買った花瓶(5)、ZARA HOME(7)など口が少し狭まったものや、フィリッピのオメガベース(3)、DULTONのリンクチューブベース(6)、バーニーズ　ニューヨークで購入したバスソルトの瓶(8)など、細くて口が狭いものまで揃えています。少しずつ水切りして楽しんで、一輪挿しにしたり。DULTONのリンクチューブベースはユニークなデザインで、形を変えて動きを出したり連結を外したりできて、レイアウトも楽しめます。

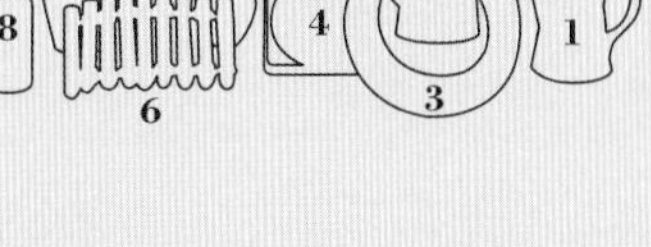

おうちの中でも香りに包まれてます

香りは幸せ気分の製造工場。おうちにいるときはパワーチャージの時間だから、好きな香りで充電したい。仕事から帰ってきた瞬間、家事をしながら、息子と会話中、バスルーム、就寝時…いつもなんかいい香りが広がる家が理想です。

ホームフレグランスは空間で香りを使い分け

ベッドルームは清潔感とクリアさがほしい

ホワイトティーの爽やかで洗練された香りは、心をゆったり落ち着かせる作用があり、睡眠スイッチに切り替わります。CELFORD ディフューザー(CELFORD ルミネ新宿1店)

玄関はさりげなくラグジュアリーに

セレクトショップでも使用されているオシャレな香り。仕事から帰ってきた瞬間、この香りでリラックスモードに切り替わります。APOTHIA DIFFUSER IF(レイジーワークス)

リビングにはシックなボトルで開放的な香り

長時間息子と過ごすリビング。洋ナシみたいなフルーティーで美味しそうなフレッシュペアの香りと、インテリアとしても絵になるデザインが素敵。ディフューザー(SHOLAYERED)

mika's home — fragrance

ファブリックフレグランスは気分で遊ぶ

寝具にはコレ香りで眠りも深く

枕やシーツ、パジャマなどはこれで。眠りを考えたリラックスアロマを配合。レノア オードリュクス マインドフルネスシリーズ スリープ(P&G)

ドラッグストアで手にする上質な喜び

大容量の大きいサイズで購入しています。どこでも買いやすく、ベーシックに使えていい香りです。ランドリン 柔軟剤 クラシックフローラル(ネイチャーラボ)

人気を誇るSHIROはホワイトリリー一択

甘いけれど凛とした香り。いろいろなブランドを使うけれどまたここに戻ってくる、安心感のある一品。SHIROファブリックソフナー ホワイトリリー(シロ)

忙しい家事中も楽しい気分に

帰宅してすぐ家事をしているときでも、洗濯機を回すのが楽しくなる可憐な癒し系の香り。ファブリックソフトナー ローズ&ミュゲ(SHOLAYERED)

ボディソープで残り香に癒されたい

汗をかく夏場に出番が増えます

自分のニオイが気になるときにいいそうですが、純粋に香りが好き。殺菌成分が配合されお値段以上の効果。デオコ 薬用ボディクレンズ（ロート製薬）

これ一本で髪も洗える香水ボディシャンプー

女っぽすぎず媚びない香りが程よく全身に残り、長続きします。コラーゲン、ヒアルロン酸配合で潤いもキープ。ボディシャンプー EVELYN（blender）

性別を問わず誰からも愛されるオシャレな香り

男性が使ってもいいユニセックス感がありながら、オシャレな香りの虜に。泡立ちにも満足。ウッド セージ & シーソルト ボディ & ハンド ウォッシュ（ジョーマローン ロンドン）

ボタニカルな成分でリラックス

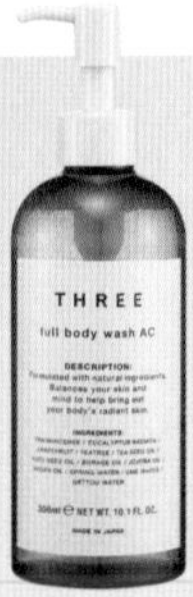

甘さを抑えた清涼感ある香り。天然由来成分97%で、たっぷりの泡立ち。長めにお風呂でリラックスしたいときに、リッチな気分。THREE フルボディウォッシュ AC（THREE）

長年リピート定番だからこそ落ち着く名品

心底リラックスしちゃう香りで、泡立ちの良さと保湿力の高さから、気がつくとまた手に取っています。AYURA アロマティックウォッシュα（ウインファーマシーズ）

華やかなバラの香りに包まれる

甘美な香りにうっとり。フローラノーティス ジルスチュアート フレンチローズ シャワージェル（フローラノーティス ジルスチュアート）

入浴剤選びで
お風呂タイムは
もっと楽しくなる

お風呂上がりのボディケアに長く時間を割くので、実は入浴時間自体は短め。短時間でも一日の疲れをその日のうちにクリアにできるような、リラックス効果を重視。癒され、深呼吸したくなる香りを選ぶことが多いです。

使うたびに感動するバスオイル

疲れたときに気持ちをスッキリ。プレゼントにも◎。アロマセラピーアソシエイツ ブリーズ バスアンドシャワーオイル(シュウエイトレーディング)

人生で一番多く使ってる入浴剤

長年使っているので嗅ぐだけで落ち着く、もはや実家的存在。お湯は乳白色に。とにかくよく使うのでまとめ買い。AYURA メディテーションバスt(アインファーマシーズ)

疲れを取りたい日の救世主

ヨーロッパの眠りのハーブでリラックス。ドラッグストアで購入できるのでいつもそばに。クナイプ グーテナハト バスソルト ホップ&バレリアンの香り(クナイプジャパン)

癒されつつ心身をデトックス

ハーブ系の香りが好き。発汗作用もあります。ダイエットしているときにオススメ。ポールシェリー シルエット ピュリファイング バスオイル(ピー・エス・インターナショナル)

超! 発汗!! 肌がつるつる

香りはないので、他の香り系の入浴剤をプラスします。死海塩100%のバスソルトはミネラル濃厚。芯から温まり代謝をUP。ジョルダニアン デッドシー ソルト(BARAKA)

女性らしくありたい 私の推しソルト

女性の悩みに寄り添うエッセンシャルオイルの華やかな香りに誘われ、つい手に。海塩のミネラル豊富で温まる体感も◎。ニールズヤード ウーマンズバランス バスソルト(ニールズヤード レメディーズ)

温まりたい日の 即戦力バブ

冬場に冷えた日は迷わず、高濃度炭酸の刺激が気持ちいいこれ。温泉成分や高麗ニンジンエキスで潤う。バブ メディキュア 温もりナイト[医薬部外品](花王)

女子力上がる 多幸感バスオイル

特別な日に使います。7種のバラをブレンドした、想像を絶するほど優しいローズの芳香がふわっと清らかに漂い、とろけます。プレゼントにも鉄板。レッド ローズ バス オイル(ジョー マローン ロンドン)

血流を促進する スリミングバスオイル

入浴剤、塗って流すボディケアオイルの2way。スピーディーにめぐりをアップしてくれて、森林浴系の癒しの香りです。セブンフロー ホーリー バスオイル(美・ファイン研究所)

リフレッシュに 最適な爽やかさ

思わず深呼吸したくなる、シトラス系の香りが天才的。活動モードからリラックスモードにスイッチを切り替えてくれます。MAROA ナチュラルバスソルト シトラス ESCAPE(me)

美容液みたい 酒蔵発の 麹入浴剤

酒蔵から直送で届き冷蔵保存する生麹。お風呂で揉むと白濁して、美容液が溶け出すのが面白い! 麹の力で肌がツルツルに。特別な日に。美糀lab.入浴剤(sirocono)

完全無添加とかこだわり抜いているわけではありません。育ち盛りの息子もいるので、健康に美味しく過ごせるようにしながら、食器選びなどで食生活が楽しくなる工夫をしています。忙しくても食が豊かだと毎日こんなに楽しいことを、息子に感じてもらえたらな!

毎日ごはんを楽しくする
料理&食器

アレンジ自在！ 牛肉の醤油煮

材料

牛スネ肉	2kg
薄口醤油	450cc
水	500cc
きび砂糖	500g
にんにく	1株
青唐辛子	5本

（子ども用のときはナシ）

作り方

❶ 鍋に5㎝角にカットした牛スネ肉を入れ、ひたひたに水（分量外）を加えて、一度沸騰させる。アクが出てきたら、そのお湯を一旦全部捨てる。

❷ ❶の肉に、醤油と水、砂糖、にんにく横半割、青唐辛子を加え、落とし蓋をして弱火で約3～4時間煮込む。竹串で刺して肉が柔らかくなっていたら完成。

材料を入れて煮込むだけなのに美味しくて、息子も大好きなレシピ。もちろん単体で食べても美味しいけど、コロッケの具として足したり、スープにしたり、刻んでチャーハンに入れたりと、アレンジ自在で大活躍! まとめて作って冷凍しておくと便利です。

Tops : *FRAY I.D*
Bottoms : *FRAY I.D*
Earrings : *carat a*

料理映えして気分がアガる食器たち

美しい食器は身近な芸術! 食の時間の幸せ気分が高まって、息子も料理に興味を持ってくれます。毎日使うものだからこそ、好きなものに囲まれると、好きなものを食べる時間が一層充実♡

おうち飲みが楽しくなるグラスとお皿

Les Ottomansのタンブラーとワイングラスはどんな飲み物も美味しそうに。La DoubleJのお皿は芸術的で、生ハムとチーズだけでも絵になります。直径20cmのサイズも使い勝手◎。

カラーとデザインがとてつもなく可愛い

アパレルブランドBella Freudのポップなメッセージとカラーが目を引くエスプレッソカップ&ソーサー。キャビネットにディスプレイするだけでインテリアに。

定番のアスティエにも遊び心を

少しグレーがかった白と質感がオシャレなアスティエ・ド・ヴィラットのスモールプレートとコンポート。ちょっとしたナッツやフルーツをのせるだけでオシャレに早変わり。

誕生日にこどもの日 息子の**イベント**は簡単可愛くアレンジ

ドーナツにカラフルストローとチョコペンで

アイスにポッキーとチョコペンで雪だるま

こどもの日はオムライスを鯉のぼり風にアレンジ

キャラチョコプレートでミニオンケーキ

友達が遊びにくる誕生日やこどもの日。手軽な材料でも特別感あるメニューに。キャラチョコプレートは思ったより簡単なので作り方を調べてみてね!

実は詳しいんです♡ 指名買いする お取り寄せグルメ

美味しくて健康的で、時短にもなるお取り寄せは、仕事と子育ての両立に一役買う欠かせない食のツール。雑誌やTVで見たり、食に詳しい友人やスタッフに聞いたり、デパートの催事で試しに買って気に入ったものなど、楽しくアンテナを張っています。

まとめ買いしている大豆ヨーグルト

大豆丸ごとだから豆乳みたいな臭みがなく、甘くて美味しい! デザート感覚で帰宅後1個、息子も2個食べます。製法は特許出願中だとか。大豆のまるごとヨーグルト（ホリ乳業）

イタリア職人が作るとろとろブッラータ

イタリアのチーズマスターが北海道のミルクで作る、世界的に評価の高いブッラータ。オリーブオイル、はちみつ、ブラックペッパーをかけていただきます♡　イタリア職人が作るブッラータ（Fattoria Bio Hokkaido）

ハマりにハマったローストビーフ

とろとろでやみつきです。スライスされた状態で届くのも手間いらず。前日に冷凍庫から冷蔵庫に移して、食べる30分前に常温に戻すのがオススメ。近江牛特選和風とろ生ローストビーフ（近江牛専門店かねきち）

お出汁が絶品で動く活海老が届く

活きのいい海老、蛤、穴子、鶏肉などと野菜の具材、うどんがすべてセットになった京都の老舗鍋。大勢集まるときにオススメ。京風うどんすき権太呂なべ（権太呂食品）

香ばしい焼き豚はストックしても

ロケ弁で知って購入。そのままでも、チャーハン・麺料理にアレンジしても美味しくて息子も大好きです。塊肉は保存しておくと便利。たかさごの東京やき豚（肉のたかさご）

ピリ辛で絶品徳島発の味付海苔

お弁当やご飯のおともに海苔率が高く、ピリ辛味にハマりまとめ買い。そのまま食べてもヘルシーつまみに。手土産にも◎。大野海苔 卓上1本ケース入り（マルー大野海苔）

栄養価も味も抜群のごちそう級卵

臭みなし、黄身が大きく栄養価も高い。ごま油・シラス・塩をかけた卵かけご飯で食すと最高です♡　うまいもんドットコムや楽天で購入可。田子たまご村「緑の一番星」（食文化）

玄米嫌いな息子のために栄養補給

息子の好きな揚げ物、シチューなどで小麦粉の代わりに、白米を炊くときにスプーン1杯入れて栄養強化にと、常備しています。特選玄米粉 国内産 農薬不使用（ちだま農園）

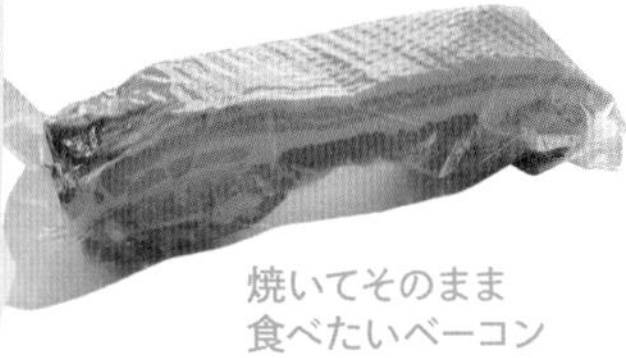

焼いてそのまま食べたいベーコン

香ばしく焼いて醤油と柚子胡椒で食べます♡　パスタに入れるのもオススメ。レストランのシェフが作っていて、一度食べたら忘れられない味。ピーターのベーコン（レストランピーター）

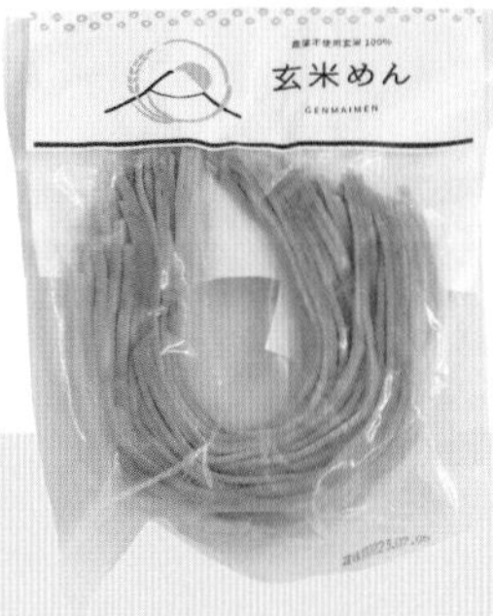

麺を食べたいときは玄米麺で

パスタ代わりに調理したり、スープに入れたり。玄米100%で、炭水化物を食べたいとき罪悪感なく嬉しい。納豆キムチ海苔玄米麺は定番料理。農薬不使用玄米100％ 玄米めん（ちだま農園）

調味料にこだわれば毎日ごはんが簡単に大充実

私の料理のコツは調味料! 料理の基本の“さしすせそ”もちょっといいものを選んだり、＋αの敏腕調味料やスプレッドを取り入れると、普段のメニューがたちまちレベルアップ。体に優しく美味しく、時短が全部叶います。

朝食が楽しみに! パンのおともの スプレッド

朝食におやつに、美味しいパンとスプレッドは欠かせないからこそ、ヘルシーな原材料や製造方法にこだわっています。チョコと苺は2大好物です♡

with bread

朝食が楽しみになる いちごバター

これが食べたくて朝食をパンにすることがあるくらい! はちみつ、いちご、生乳、グラスフェッドバターだけで作られた特別な一品。北欧はちみつといちごバター(秋田屋本店)

罪悪感のない チョコレートクリーム

ハマりにハマる口あたり。植物性由来のヴィーガン対応で老舗チョコレートメーカーとのコラボで白砂糖不使用。チョコの甘さが恋しくなったときに。ショコラクリーム オーガニック グランプロ(エステプロ・ラボ)

いい調味料があるとヘルシーで美味しい料理が簡単に

その土地ならではの豊かな食材が生きたもの、伝統の製法、すご腕の職人の技など、美味しさに溢れた調味料がたくさんあるので、探すのも楽しみ。

ないと困る我が家の常備味噌

味噌汁を食べなかった息子が食べてくれるように! 原料は兵庫県のもち大豆・米麹と、塩だけ。塩味と甘みが絶妙でまろやか。もち大豆みそ(グランドフードホール)

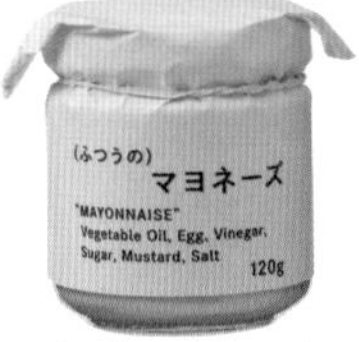

苦手だったマヨネーズがごちそうに

ママ友に教えてもらってからハマってリピーターに。ゆで卵をこれで食べるだけで別格の料理に。ふわっとまろやかで飽きがこない。(ふつうの)マヨネーズ(ふつうのショップ)

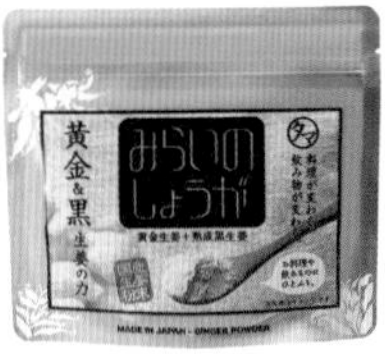

パンチが効いたしょうがパウダー

熟成・発酵して粉末に。いつもの飲み物に加えたり、風邪気味なときはハチミツショウガ湯にしたりも。みらいのしょうが〈黄金生姜&熟成黒生姜粉末〉(タマチャンショップ)

10年愛用のオリーブオイル

DEAN & DELUCA で出会って以来10年以上愛用。味が濃い! エキストラバージンオイルの上澄みオイルで、飲めるオイル。オリーブジュース100%オイル〈キヨエ〉(バロックス)

酒蔵が作る飲める本みりん

程よいとろみで、煮物に使うと味がまろやかになります。昔ながらの製法で、そのまま飲んでも美味しいくらい。福来純「伝統製法」熟成本みりん(白扇酒造)

毎日使うお醤油は天然醸造

息子が好きな味。江戸時代から続く伝統的な醸しの技術と国産原料で、体に優しく旨味が高い醤油。卵かけご飯や煮物の味も決まります。井上醤油店の古式じょうゆ

おかず作りに欠かせない液体万能調味料

肉野菜炒め、チャーハンなど息子の好物作りに必須な一軍選手。1本で料理の味が決まるので他の調味料は不要です。超湯〈チャオタン〉超万能調味料(グランドフードホール)

砂糖を摂るなら島ざらめ

白砂糖は長年使っていません。天然ミネラルと栄養素が残った、サトウキビ100%。冷やしたトマトをスライスしてかけるだけでデザートに。永久屋の種子島産 島ざらめ

我が家の出汁は京都の味

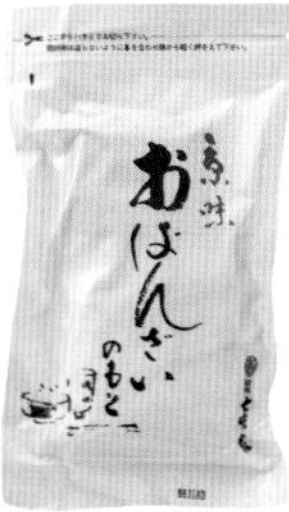

いろいろな出汁を試した結果、京都のこちらに落ち着きました。一番好きなまろやかな味。様々な料理に応用しやすく、そのまま出汁を飲むのも幸せ。七味家本舗のおばんざいのもと

自然の甘みで体が喜ぶケチャップ

これで作るオムライスが絶品。阿蘇地域の完熟トマトから食品添加物を使用せず手作り。素材の美味しさを保つ瓶詰にもこだわりが。とまとケチャップ(工房阿蘇ものがたり)

肌のツヤまで上がる美容液バター

トーストやオムレツがごちそうになり、コーヒーに入れると香り豊か。不飽和脂肪酸やβカロテンなど栄養豊富。成城石井で購入するBiOグラスフェッドバター〈無塩〉

まろやかなウスターソース料理にマスト

息子の好物、パスタのミートソース作りに必須です。たくさん食べてほしいから、原料や手作りにこだわります。程よい酸味。ヘルメスウスターソース(石見食品工業所)

体に優しく希少なとんかつソース

小学生の息子の好物、とんかつが我が家の看板メニューなので欠かせない。手作りで、約1カ月待ちの逸品。爽やかに甘くてスパイシー。ヘルメスとんかつソース(石見食品工業所)

定番から今旬まで。スイーツには目がありません♡

幸せを呼ぶスイーツタイム。たっぷりのフルーツ、昔ながらの健康的な和素材、ハイブリッドなヘルシースイーツなど、せっかく食べるならときめくおやつで満たされたい。特にチョコレートには目がありません♡

マスカルポーネとあんこの最強タッグ

マスカルポーネチーズを使用した自家製クリームとあんの相性のよさに驚き。サクサクの最中皮の間に自分でサンドして食べる工程も楽しい。京都祇園あのんのあんぽーね

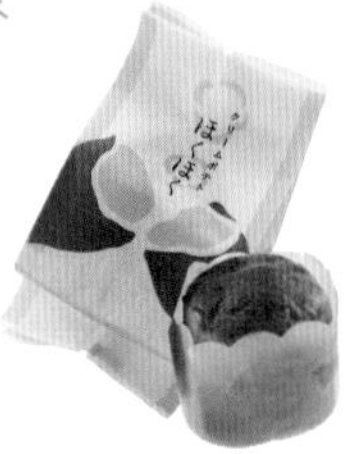

3時のおやつにプチスイートポテト

一口サイズなので、バッグの中に忍ばせておいて小腹が空いたときに食べたりも。お芋自体の甘さが引き立っています。スイートポテト[ほくほく]3個入(乃し梅本舗 佐藤屋)

くるみがたっぷりの一口デザート

ちょっと口寂しいときに、小さくてちょうどいい。自家製キャラメルとぎっしり詰まったくるみのほろ苦さがやみつきに。香ばしくてコーヒーによく合います。鎌倉紅谷のクルミッ子

概念を覆すフレッシュなチーズデザート

私の中で大ヒットのチーズ。コクがあるのに何個でも食べられそうなスッキリとした後味。クリームチーズが原料。水、砂糖、ゼラチンのみ。Pure rare4本セット(OKASHIYA)

♡型のパリパリチョコチップがやみつきに

アイスクリームはほとんど食べない私がこれだけはリピート。食感が魅力。ゴディバ カップアイス ミルク チョコレートチップ(ゴディバ ジャパン)※取り扱いのない店舗あり

崩して食べる見て楽しくて多幸感MAX

外側の透明な筒を外すと、崩れ落ちるたっぷりのいちご。フレッシュないちごまみれのタルトを頬張る幸せ感は他では味わえない。ごろごろいちご(ふるぅつふぁみり〜)

黒胡麻と和三盆に圧倒される団子

箱を開け、溢れるほどの黒胡麻と和三盆の中から団子を発掘して食べる醍醐味。余った胡麻はほうれん草和えにしても絶品。古賀音だんご(黒胡麻和三盆)1箱5本入(ふるや古賀音庵)

唸るほど美味しい手作りの草餅

生のよもぎを使っていてひとつひとつ手作り。餡ありとなしの2種類で、餡なしは白蜜ときなこで食べます。デパートに週1出店するタイミングを狙って購入。志"満ん草餅(向島志"満ん草餅)

砂糖・小麦粉・乳製品・添加物フリーで絶品

女子会の手土産にいただいてからハマっているチョコレート菓子。ビターで大人の味。GI値も低い。女子会手土産にオススメです。ハニーショコラサンドLEAP(MY HONEY)

美しすぎる ペタルチョコレート

すご～く薄くて、パリパリの食感。少しずつ食べるので罪悪感がないお楽しみチョコ。見た目の可愛さは、プレゼントにもしたいほど。ミルティペタル（agricoeules）

甘くて贅沢な 糖質制限ティラミス

デザートをしっかり食べたいときに、糖質量を気にせず食べられる本格スイーツ。1人分1／3カットで糖質たった2.7g。スリム・ティラミス（エコール・クリオロ）

とっておきの 映えクッキー

女子会でいただいてファンに。特別感があり、飾っておきたいほど可愛い。レモン風味です。菓子工房ルスルス鳥のかたちクッキー（菓子工房ルスルス浅草店）

至福の家飲みに欠かせないドリンク

お酒を飲む人もそうでない人も、ちょっと特別なドリンクで「今日も一日お疲れ様、私!」って乾杯する時間を作ってみない？　一日の終わりにそんなお楽しみ時間があるだけで毎日が最高に楽しくなるはず♡　口にするものだからヘルシーな選びも忘れずに。

ソフトドリンクを飲むなら果汁感を重視

mika's home — drink

水やお茶以外に飲むなら、オーガニックなものを選びます。白砂糖の甘さでなく、フルーツの甘さは飽きがこない。飲み物は習慣として口にするものなので、一層健康にいいものを意識。

オーガニックで無添加のジュース

スカッとした炭酸なのに体に優しいレモネード。シチリアレモンを使用したオーガニック。空き瓶も可愛く手土産や、花瓶に活用も。レミーレモネードKarma Drinks NZ（Kia Ora Organics）

果肉までまるごとみかんスムージー

美STのSpark Beauty Fesで出会ってファンに。喉越しが気持ちよく、体調が優れないときにも飲みやすい。おふくろスムージー 有田みかん（紀州有田みかんの早和果樹園）

特別感が嬉しい白グレープジュース

スッキリして飲みやすい。お酒を飲めない方にも。ビオブドウ生産者が作るシャルドネ種。アルカン アラン・ミリアのシャルドネ種 白グレープジュース

水は飲みやすさと吸収力

漢方で水毒体質と言われてから一日に大量に飲む習慣はなく、500mLのペットボトル2本程度。だから超軟水の飲みやすさや、効率のいい吸収力が選びのポイントです。美肌には内からの潤いも大切。

油ものを食べるときにオススメなお水

独自の活水処理で吸収率が高く、油を溶かす力もあるお水。肌まで潤う気がします。ファスト プロウォーター グランプロ（エステプロ・ラボ）

まろやかで美味しい天然アルカリ温泉水

柔らかな口当たりで、水をたくさん飲まない私でもすっと飲める。コーヒーが美味しくなり、ご飯を炊くとふっくらします。温泉水99（エスオーシー）

一日の〆に美味しいお酒

家事も食事も入浴も済ませて、就寝前の1時間が家飲みタイム。1杯程度でたくさんは飲みませんが、その日の気分で違うお酒をチョイス。~¥3,000程度までの1人飲みにちょうどいいプライスから。

酵母が生きた芳醇なビール

北海道乙部のシリカを含んだ天然水で作られたクラフトビール。無濾過製法で旨味とキレが鮮明です。OTOBBEAN ALE（乙部追分ブリューイング）

重めの赤は家飲みの定番

カリフォルニアワインで、華やかなピノ・ノワール。¥3,000台にしては突出して美味しく、生ハムとよく合います。ヘッド ハイ ピノ ノワール ソノマ カウンティ（葡萄畑ココス／販売元）

爽やかマイルド飽きないビール

北海道北見発、日本最初の地ビール。ピルスナーはホップの苦みが控えめでフルーティー。賞味期限60日の新鮮さも嬉しい。オホーツクピルスナー（オホーツクビール）

フルーティーなこだわりクラフトビール

スムージーのような飲みごたえでフルーツ好き女子に。ホップを育て、摘み、仕込む醸造所の香り高い希少なビールの一種。MUON peach＋passionfruit（うちゅうブルーイング）

健康&美容効果も期待のマッコリ

自然発酵の天然炭酸で甘みと酸味のバランスが抜群。日を追うごとに味の違いを楽しめ、乳酸菌、ビタミンB群など栄養豊富なのも嬉しい。ボクスンドガ（福順都家）ソンマッコリ（盛邦貿易）

果実のような旨味と酸味

チーズと合う自然派ワイン。熟成させていてふくよか。北イタリアのワインで日本でも¥3,000台で人気のワイン。ロッソ ディ ヴァルテッリーナ アールペペ（トスカニー）

シンプルで落ち着く一口が定番のおつまみ

おつまみは寝る前なので少しだけ。いただくお酒の味を引き立て、幸せ感のある一口。カロリー抑えめで素材を重視し、塩分が濃いものはむくみやすくなるので避けます。

アレンジ自在のオイルオイスター

焼いて醤油で味を調えてからオイル漬けされ、濃厚なフォアグラのよう。オイルは料理に応用でき、プレゼントにも大好評! 花瑠&花星／おいる&おいすたー（倉崎海産）

多分一生買います最強のおつまみ

1週間かけ特製のチップで燻製した半熟たまごは、香ばしく絶妙な塩味でとろりの食感が幸福の味。オンラインは好きな個数で購入可。価格もお手頃。スモッち（半澤鶏卵）

キッチンアイテムが可愛ければ、家事のやる気もUP!?

毎日使うからこそ、キッチンアイテムのちょっとした使い勝手や、気分がアガる見た目が実はモチベーションを大きく左右するものだと思ってます! ちょっと面倒なときでもこういうアイテムがあると「もう少し頑張ろうかな」と思えるはず。

調理にも取り分けにも便利

調理後そのまま取り分けにも使えてヘラよりも使いやすい。ミートソース作りに重宝しています。耐熱温度が高く弾力性あり。シリコーン調理スプーン スモール(無印良品 銀座)

サイズ感が親子2人にフィット

親子2人分のお味噌汁を作るのにちょうどいいサイズで、吹きこぼれないふた付き、16㎝。つや消しが傷も目立たずオススメ。柳宗理ミルクパン つや消し仕上げ(佐藤商事)

丈夫で使い方多彩なキッチンタオル

食器を洗ったら広げて水切りに、急な来客にはキッチンの目隠しにさっとかぶせたりと、50×80㎝で大きなサイズが使いやすい。ジョージジェンセンダマスク エジプト ティータオル(soluno／ソルーノ)

とにかくピンクが可愛いカトラリー

薄くて、細くて、小さくて使いやすい。集めている華やかな食器と相性よしなモダンさ。クチポール ゴア ピンクマット ゴールド ディナー3点セット(soluno／ソルーノ)

Everything is cute!!

オシャレなテーブル周り3点セット

富山の真鍮でできた高級感ある鍋敷きと、ビール瓶にひっかけて素敵な栓抜き、シンプルな箸置き。セットでコーディネート。「鍋敷き・月」「箸置き・閃光」「栓抜き・三日月」（二上）

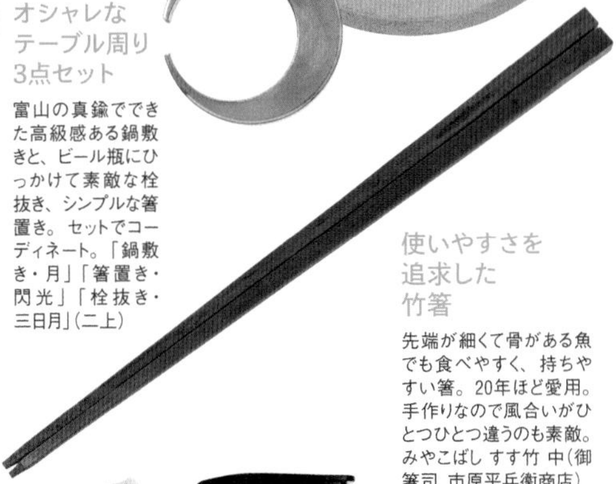

使いやすさを追求した竹箸

先端が細くて骨がある魚でも食べやすく、持ちやすい箸。20年ほど愛用。手作りなので風合いがひとつひとつ違うのも素敵。みやこばし すす竹 中（御箸司 市原平兵衛商店）

気持ちよく洗い物が進む食器用洗剤

使うと気分が落ち着くベルガモットの香り。保湿剤配合で手にも環境にも優しい。ディッシュウォッシング・アップ リキッド / グリーン・ベルガモット（リビング・マーケティング）

伸びて拭きやすい万能クロス

吸水力が高く、ぐんぐん食器が乾くクロス。老舗織物工場の職人さんが作るマイクロファイバー素材。daily mukuri オリジナル食器拭きクロス［ベージュ］（ムクリ）

シンプル、清潔、可愛い三拍子揃ったスポンジ

たまに販売される限定色も◎。水切れ、泡切れがよくて汚れも落ちやすい。銀イオン系の抗菌仕様も衛生的。亀の子束子西尾商店の亀の子スポンジDo 角型 ピンク

シーンで渡す？ やげリスト

目上の方に渡すなら、格式高い隠れ名品を

目上の方との会食など、上品さや丁寧さが求められるときには、いつもの映えは封印。見た目にも格式高く、年齢問わず喜ばれるものを意識します。

銀座の老舗の安心感に勝るものなし

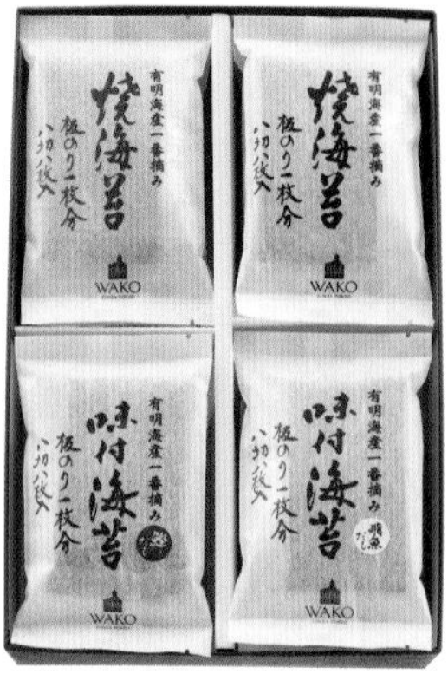

老若男女問わず嫌いな人があまりいない海苔に、裏切らない老舗の安心感が加わった心強い一品。普通の焼海苔と、鰹だし、飛魚だしの味付海苔がセットに。味付海苔詰合せ〈A〉(和光)

見て伝わる、食べて納得の高級感

著名人に愛される手土産としても有名な塩昆布。高級料亭のお茶請けというだけあって、上品な味わいともらって嬉しい高級感は格別。雲月の小松こんぶ

ご挨拶に開けた瞬間アガる詰め合わせ

ご挨拶に持っていくなら、缶を開けた瞬間、心をわしづかみにする美しい詰め合わせを。開けたときの華やかさがサプライズになって印象に残るはず!

食べやすさも嬉しい絶品ビスケット

可愛い缶の中に、絶品のチョコレートビスケットが入っていて嬉しすぎる！個包装になっているのも食べやすくて喜ばれるポイントに。ボワット・ア・ビスキュイ（フレデリック カッセル）

見るだけでめでたい気持ちになるふきよせ

缶を開けると和風クッキーや干菓子、金平糖がぎっしりと入っていて、思わず歓声を上げてしまう美しさ。縁起物モチーフでお祝いの場にも。冨貴寄 ことほぐ（銀座 菊廼舎）

COLUMN

Column

誰に、どんな美香のてみ

会食の場やホームパーティーの場にと、なにかと持っていく機会の多い手土産。誰に渡すかによって選びも変わるから、上品なものから映え系まで、幅広く知っておくと安心です。

女友達と

ホムパには その場で分けて アガるもの

ホームパーティーに持ち寄るなら、みんなでワイワイ盛り上がって話題になるものを。美味しいものがいろいろ集まるから、1個1個小さめのものがベストかも!?

1個ずつが食べやすいミニカヌレ

ミニサイズでついもう1個と手が伸びてしまう絶品カヌレ。持っていったその場で食べるもよし、持って帰ってもらう手土産にもよし。GINZA Corridor Cannelé（CLASSIC INC.）

定番ケーキをミニサイズでシェアしやすく

モンブランで有名な「アンジェリーナ」のプチモンブランは、食べやすい一口サイズがみんなでつまむのにぴったり。プチサイズでも濃厚な甘さで満足感も高いです。

インパクト大でも取り分けやすくて◎

流行のバスクチーズケーキはホールで持っていくとインパクト大。切ったときのとろける断面でも盛り上がりそう! JÉRÔME バスクチーズケーキ（JÉRÔME cheesecake GINZA）

フルーツ大福の断面映えで盛り上がる

切ったときの断面が映える、「覚王山フルーツ大福弁才天」のフルーツ大福。季節ごとのフレッシュな素材が楽しめるのが嬉しい! 何種類か買っていって、その場でみんなで選ぶ楽しみも。

大切な人に

“あなたのために” な希少価値の高いもの

ここぞのときには、数量が限られていたりするもので「あなたのために買いました」な特別感を伝えます。レアな分、手にしたときの嬉しさもひとしお。

フルーツ×チョコの最強コンビを狙って

ジャン=シャルル・ロシューは店舗が表参道にしかないうえに、フルーツタブレットは毎週土曜の数量限定発売、日持ちもしないからとっても貴重! フルーツタブレット イチゴ(ラ・クリニエール)

大人のために贈りたいプレミアムなキャラメル

一日50ダース限定で予約必須なGENDYのキャラメルバー。濃厚な甘さとほろ苦さ、高級感ある箱はまさに大人のための逸品。ザ・プレミアムビターキャラメルバー(GENDY)

Chapter 5

「すべてはメンタル」

＼美香流／

楽しそうに過ごすコツ

いつも楽しそうだねって言われるけど
コンプレックスに悩んだこともあれば
挫折感を味わったことも山ほどあります。
でも、その日々を乗り越えてきたからこそ
今の“陽気でゴキゲンな美香ちゃん”があるはず。
すべては毎日の気の持ちよう！ 今までの経験、
私の頭の中のこと、ありのままお伝えします。

過去も未来もない。今、目の前にあることに夢中になるだけ

学生時代に札幌でスカウトされ、アルバイト感覚で始まった私のモデル人生。札幌の百貨店やホテルの広告、ウエディングショーなどが主な仕事でした。当時所属していた札幌の事務所から、東京で活躍できるモデルを一緒に目指してくれないかと言われ、短大を卒業した後もモデル一筋。2年くらいは、月1でオーディションのために東京へ行っては、あともう一歩という最終選考まで残るのに、結果選ばれるのは東京のモデル、の繰り返し。出版社に挨拶へ行っても、会社に誰もいなくて会ってすらもらえないことも。どんなに目指しても当時の女性ファッション誌は全滅でした。最初こそ、なんとかなるでしょ、と思っていたものの、そのうち地元の同級生たちは、大学卒業を迎え社会人に。同じタイミングで音楽、演劇、スポーツなど夢を本気で追いかける熱い人たちとの出会いがいくつも重なり、自分ってなんだろう？本気で生きるってなんだろう？と人生を真剣に考え始めたのが22歳。札幌で求められるモデルの仕事内容が、自分がやりたい内容と違うと感じ始めていたり、札幌で一緒に暮らしていた妹が実家に帰ることになって、札幌にい続ける意味がなくなったことも後押しとなり、「はっきり答えを出そう、やるだけやって納得したい」と決意。2週間後には上京していました。きっと物事って、動くときはそんなふうにすごく突然大きく動くもの。上京して5日後に『CanCam』の顔見せがあり、その帰りにすぐ事務所に連絡が入って、翌月の海外での水着ロケの仕事が決まりました。寒い北海道で育った私が、生まれて初めてビキニを着たのはこの時。さらに、水着ロケから帰国した翌日にたまたま『Oggi』のオーディションがあり、参加したその場で専属契約が決まったのです。これも帰国が1日ズレていたらありえなかった話。ダメなら帰ろうという気持ちで上京したものの、見えない力にぐんぐん背中を押されるように、私の東京でのモデル人生が音を立てて動き始めました。

人生が大きく
動き出すときって、
きっと突然

雑誌のカバーを定期的に飾れるようになったのは30歳を過ぎてから。それまではとにかく必死。10代前半から活躍している生粋のサラブレッドモデルばかりの中に、急に地方のモデルが参入して、すべてが別世界で眩しかった。でも逆に、挫折を経験した23歳の東京デビューだったからこそ、冷静にいろいろ考えることができたように思います。夢は簡単に叶わないこと。夢を叶えられる人はごくごくわずかであること。チャンスを次に活かすこと。いただいた仕事を決して無駄にしないこと…。それらひとつひとつが、今の私の仕事への向き合い方に繋がっています。でも当時はそう思う余裕もなくて、先輩モデルの撮影を見てポージングを真似たら?と言われても、似てしまったらそれは自分じゃなくなると思って見られなかった。今振り返ると、固く考えず学べるものは素直に学ぶべきだったと思えるけれど、自分に自信がないがゆえの強がりだったように思います。求められた表現ができず、スタジオのトイレで悔しくて泣いたこともありました。弱さを見せたら終わりだとあの頃は思っていて、そんな日々を過ごしていたからか、肌はいつだってボロボロ。人の目をまっすぐ見て話せないほど自信が持てず、なんとかしなくては、といろいろな美容法を試し始めたのが、私の美容道の始まりです。コンプレックスを抱えストイックな生活を送り、夢中で大好きなモデル

業に没頭し、30歳の時に美香本を初出版。本当にやりきった！もうモデルを辞めてもいいかもとすら思いました。間違いなくモデル人生を変えたきっかけだと言えます。その後、結婚、出産、子育てと、30代はいち女性として幸せな日々を過ごしました。産後の復帰は周囲に引っ張っていただき、どの雑誌も産前と変わらぬスタンスで仕事再開。ところが息子はなかなか寝ない子で、3時間ごとに必ず起きる。睡眠不足が続いて仕事中に吐き気がするほどでした。2歳6カ月の時、初めて6時間続けて寝たのを今でも覚えています。不定期なスケジュールなため、シッターさんが毎回違う方だったことも悩みのひとつ。まだ小さくこんなにも愛おしい息子を、毎回違うシッターさんに預けて働く意味って？何のために働くの？と、仕事と育児の両立に散々悩みました。悩み続けて結局答えは見つからないまま、幼稚園、小学校と成長した息子。必死に取り組んでいたら11年経っていたというのが正直なところです。だから子育ての秘訣は？なんて聞かれても、答えは全くわかりません。でも、どんなことがあっても人生に対して真面目に生きてきた。それだけは確かです。その思いがあればきっと大丈夫。夢中で生きる姿が、どうか息子にも届いていますように。

今の人生に まっすぐに生きれば、 大丈夫

いつもどんなこと考えてるの?を深掘り

美香に50問50答!

questions and answers

1 生まれ変わっても
モデルになりますか？

YES

2 子育てが落ち着いたら、
まず初めにやりたいことは？

アラームなしで
自由に起きて
ゆっくり朝を過ごす！

3 もし月に2万円しか美容にお金
を使えなかったら何を買う？

エリクシールの化粧水と
乳液、日焼け止めかな

4 息子はどんな男性に
育ってほしい？

***健康で明るく優しく
仲間を大切に***

5 ポジティブマインドの秘訣は？

ワクワクすること
しかしない

6 息子との時間で一番
大切にしていることは？

会話。

笑顔でおはよう、いってきます、
今日もお互い楽しもうは
毎日の合言葉

7 一番幸せな瞬間は？

息子が美味しそうに
ごはんを食べている
のを見ているとき

8 「歳とったな」と
感じる瞬間は？

涙もろすぎるとき

9 直したいクセは？

忘れっぽいところ

10 ストレス解消方法ベスト3は？

美容、美食、女子トーク。
体調不良や悩みは
病院じゃなく美容院や
エステが解消してくれる

11 親友は何人いる？

3人

12 タイムマシンに乗れたら、
過去に行く？未来に行く？

過去に興味なし。
未来も知らなくていい。
今しか興味ない。

13 人に言われて
一番心に残っている言葉は？

***プロなら自分で
モチベーション上げたら***

14 座右の銘は？

人生は思いがすべて

15
20歳の頃の自分に今、
伝えたいことは？

美香ちゃん
飛ばして
生きてるよ♡笑

16
最後の晩餐で食べたいものは？

桃。
熟したら、やさしく皮を剝いて切る。
そんな愛がないと食べられないから

17
つい集めてしまうものは？

香りもの

18
人生で一番高い買い物は？

おうち

19
人付き合いのモットーは？

求めすぎない

20
人を好きになるのは
どんな瞬間？

直感

21
失恋したことは
ありますか？

YES

22 忘れられない
恋のエピソードは？

だいたい忘れました（笑）

23 どんな50代になっていたい？

**先のことは
考えていないかな**

24 口癖は？

楽しい！嬉しい！最高！好き♡

25 使わないようにしている言葉は？

悪口には乗らない

26 つらいことの乗り越え方は？

曖昧に自分を慰めず
落ちるとこまで落ちる。
たまにはネガティブも必要。
現状維持じゃなく
変われるほうを選んだ。
結局答えは自分の中。

27 自分の性格の長所
3つ教えて！

- **明るい**
- **元気**
- **嫌なことをすぐ忘れる**

28 悩みは誰かに相談する派？
自分で解決派？

相談派

29 弱点、ひとつだけ教えて！

おへそ

30 1週間オフがあったら
どう過ごす？

旅行

31 一番会いたい人は？

急に亡くなった父

32 笑顔の源は？

愛する息子と愛犬のtia、
北海道の家族、
仲間、マネージャー、
大好きなモデルのお仕事。
愛。

33 美香の取扱説明書の
最重要事項は？

**割れ物注意。
優しく扱ってね。**

34 自分の性格の短所
3つ教えて！

- **夢中になりすぎる**
- **テンションが
上がりすぎる**
- **大事なことも忘れやすい**

35 家の中で
一番落ち着く場所は？

ベッドルーム

38 忘れられない旅先は？

モロッコ

39 人生で一番印象深い映画
教えて！

ワンダー
君は太陽

40 「これだけは
誰にも負けない！」
ひとつ教えて！

直感力

41 これだけは譲れない
男性の条件は？

会話力

42 ずばり、何フェチ？

匂い

36 モデル人生で最近一番
嬉しかった瞬間は？

『美ST』の史上初
モデル表紙を
飾ったこと

37 将来どんなところに
住みたい？

賑やかな場所。
のんびりゆっくりは
むいてない。

43
悔いなく
生きるために大事に
していることは？

**わがままに
生きる**

44
年齢を感じやすい
カラダのパーツは？

手かな？

45
再婚考えてますか？

NO

46
昔から変わらない
ルーティンはある？

気分で生きているので
ルーティンが実は
あまりありません、、

47
一言で。
美香さんにとって、
家族とは？

最愛

48
一言で。
美香さんにとって、
仕事とは？

**納得しきれない
もの**

49
一言で。
美香さんにとって、美しさとは？

思い込み。
自分で自分を
美しく扱ってあげる
ことからすべてが
はじまる。

50
一言で。美香さんにとって、人生とは？

お祭り。
この世を楽しむために
生まれてきたから。

Chapter 6

永世定番ファッションから
隠れ便利グッズまで

美香名品40

High quality goods

気に留めずに過ごしても困ることはないけれど、

身の回りに欠かせないものひとつひとつを、

“自分が好きか、ワクワクするか”を基準に

選ぶだけで、グッと愛着が湧いて、

日常がもっと楽しく輝きだすと思ってます!

そんな私的名品を40個ズラッと集めました。

あなたの中の、譲れない名品は何ですか?

あったらいいな、の名品が
毎日を楽しくしてくれる♡

1

永遠に好きな形のストレート。スキニーに近いけど、体のラインを拾いすぎず、脚がまっすぐに見えてパンプスに合わせるキレイめパンツとして名品。華やかなトップスが引き立ちます。（本人私物）

2

ノンスリップ加工で服が滑り落ちず、肩にあたりが出ないので型崩れの心配ナシ。作りが薄いので抜群の収納力。写真はカットソー用。ニット用、シャツ用も揃え愛用しています。（本人私物）

3

ベルベットコットンソックス。パンプスに合わせる靴下として使用しています。生地が薄いのでキレイめにも、ハズしのコーデで抜け感を出すのにもちょうどいい、安心の一足です。（本人私物）

4

ZARAの靴は毎シーズンチェックしています。特に冬は、ゴツめのブーツを目当てに。歩きやすくてデザインも面白く、今旬な靴をプチプラでチェックでき優秀なものが多いから嬉しい。（本人私物）

5

ほんとに買ってよかったクロエのBettyレインブーツ。普通のブーツとして履きたいほど洗練されていてスタイルアップ。ラバー素材なのにそう見えない。カラーやサイズも豊富です。（本人私物）

High quality goods

7

VETEMENTSの
トレンチコート

6

エルメスの
バンダナ柄
スカーフ

サイズは
M

8

MaxMaraの
テディベアコート

9

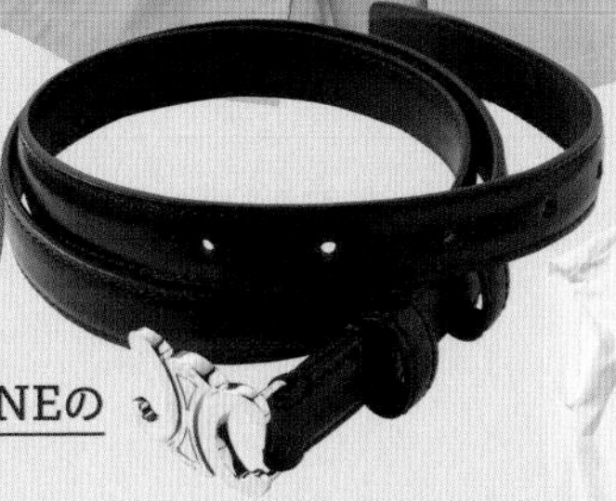

CELINEの
ベルト

10

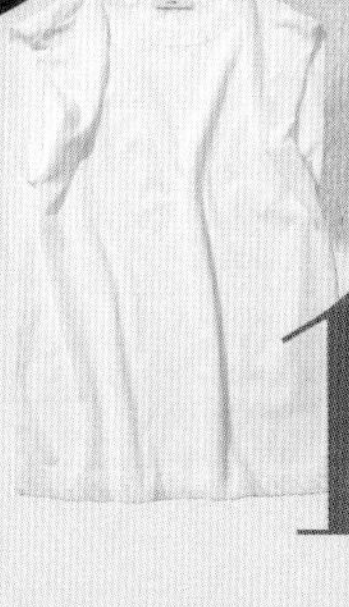

ATONの
白Tシャツ

10

少しだけスリーブがあり、さりげなく二の腕をカバーしてくれます。使い勝手がよく色違いで購入。一枚でもインナーでもキマる。FRESCA SINGLE JERSEY TANK TOP（エイトン／エイトン青山）

9

トリオンフベルトは細めタイプを、デニム用のベルトとして使っています。一点投入でカジュアルをスタイルアップしてくれて、ウエストマークのアクセントにも程よく、女性らしい。（本人私物）

8

軽くて暖かくてめちゃくちゃ可愛い。映えるピンクは日本に3点のレアものらしく「どこの?」とよく聞かれます。カジュアル、エレガントどちらにも合い意外と汚れが目立ちにくい。（本人私物）

7

ヴェトモンらしくエッジが効いて、たっぷりの身幅と丈、“長く愛用できそう!”と3年ほど前に見て即決。甘めの服にもカジュアルにもバランスよし。ラグジュアリーなストリート系も好き。（本人私物）

6

エルメスのスカーフは何枚か持っていますが、バンダナ柄が使いやすい。バッグの上にパサーッと何気なく置いたり、髪を結ぶときに使ったり。色はグレー系がお気に入りです。（本人私物）

High quality goods

11 ハグモッチの抱き枕

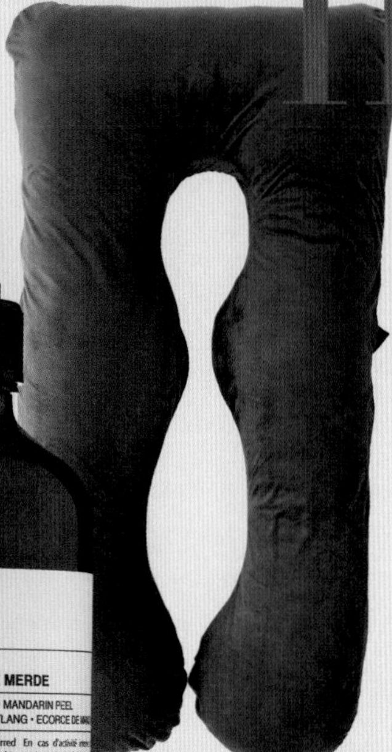

12 パーフェク10 by air kaol のフェイスタオル

13 イソップの ポスト プー ドロップス

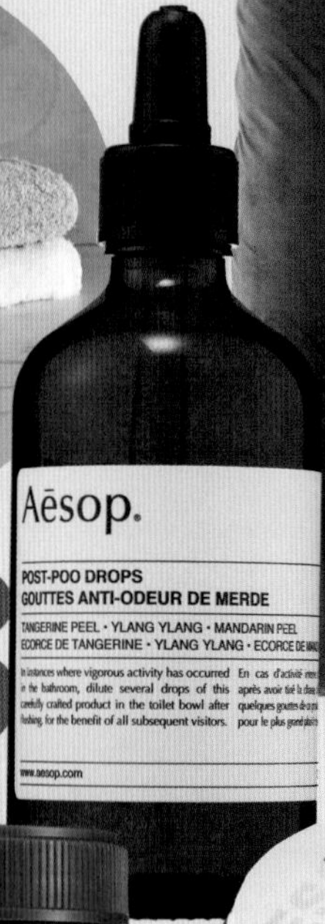

14 レスキューレメディのキャンディ

15 マヌカヘルスのマヌカハニー

15

風邪っぽいとき、紅茶や生姜湯に入れて。MGOはマヌカハニーの抗菌作用のある成分数値で、400以上が医療面で効果ありだとか。マヌカヘルス マヌカハニー MGO400+/UMF13+（富永貿易）

14

心のバランスや乱れを調整してくれるフラワーエッセンスのグミキャンディ。もやっとしたときにあると安心。レスキューパステル オレンジ《バッチフラワーレメディ》（フラワーレメディ〈パークフィールド〉）

13

魔法のように瞬時に、気になる臭いを消してくれていい香りが広がる、ありそうでない名品。ボトルもオシャレです。トイレの水を流した後、数滴をトイレボウルの中に垂らします。（本人私物）

12

顔に使うと柔らかくてふわふわで気持ちいい! 超極細糸で作られていて、肌や髪に優しいタオル。家では白とグレーの2色で統一しています。Perfec10 for Face（浅野撚糸）

11

息子も気に入り愛用して、うちには2個あります。両サイドから挟まれ、背中から抱きしめられているような感覚が安心感に。注文時に綿を入れて好きな弾力に調整可能。ハグモッチ（ラキスプリード）

High quality goods

16
美ST×ムーンバットの日傘

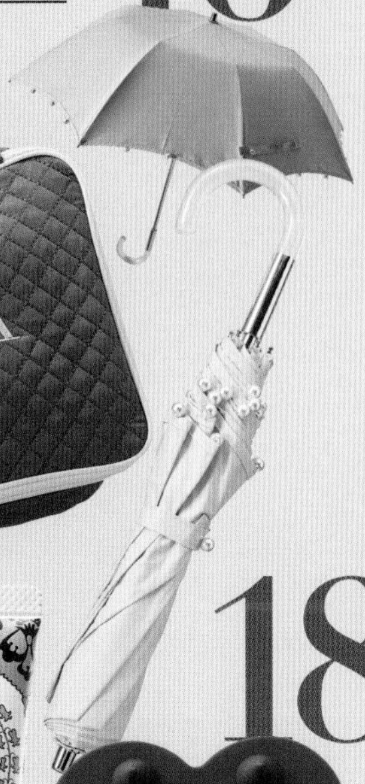

17
HOTEL LIKE INTERIORの名前入りポーチ

18
ukaのスカルプブラシ バリカタ

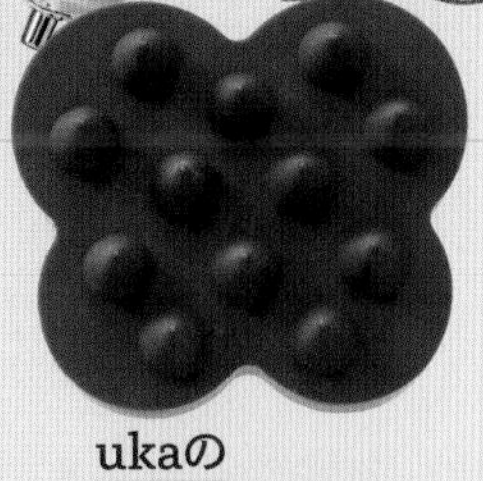

19
丸成商事のフリーズドライ ストロベリー

20
BARAKAの歯磨き粉

20

歯の舌触りが、他では感じられないほどツルツルになり、気持ちよくって全力オススメ! な、死海のソルト系ジェル状歯磨き。ジョルダニアン デッドシー ソルト トゥースペースト（BARAKA）

19

体に優しく、美味しく、可愛い、苺100%のサクサク最強おやつ。息子も好物で、まとめ買いしても一気になくなる（泣）。ピープルバイコスメキッチンでも購入可。Wel・Bストロベリー（丸成商事）

18

シャンプーしながら頭皮ケアが気持ちいい。持ちやすいデザインで愛用者が多いのも納得。私はバリカタが好みです。uka スカルプブラシ ケンザン バリカタ（uka Tokyo head office）

17

HOTEL LIKE INTERIORのポーチ3点セット。ホテルのお泊まりや旅行に、サイズ違いで揃えると旅先でも気分が上がります。大容量でスタイリッシュ、名前の刺繍入りも愛着が湧きます。（本人私物）

16

傘の裏が白だから顔映りがいい! 遮光率は99%。裏地がラミネート加工で、軽くて涼しいフワクールという素材らしい。パールのあしらいが可愛いです。コラボ美ST日傘〈楽折〉（ムーンバット）

High quality goods

21 フライングタイガーのジッパー型ポーチ

22 LGスタイラー

23 ダイアナのロングブーツ

24 カプリコ&アポロ

25 バルミューダの学習ライト

25

息子のためでしたが、読書好きな私もお気に入り。太陽光LEDで色鮮やかに見えて目に優しく、目線の先に影ができない仕様。手仕事にもオススメ。バルミューダ ザ・ライト（バルミューダ）

24

コンビニお菓子の可愛いと美味しい2強。チョコと苺の組み合わせは一生好き。カプリコは冷凍してパリッパリにして食べます♡　右：ジャイアントカプリコ（江崎グリコ）左：アポロチョコレート（私物）

23

ここ数年、ヒールのあるロングブーツはダイアナと決めています。日本人の足型に合うのか疲れません。大人女性に合うデザインもいい感じ。黒、白、キャメルなど何色か購入。（本人私物）

22

毎日の洋服の消臭、除菌、乾燥、シワ伸ばしが叶う家電。クリーニングに出すほどではないアウターやスーツにも。LG Styler S3MF〈ミラー〉（LGエレクトロニクス・ジャパン カスタマーセンター）

21

フライングタイガー コペンハーゲンのフリーザーバッグ。デザインが可愛すぎて、行くたびに追加購入。コスメやお菓子を小分けするなど、アイデア次第で様々なシーンに大活躍。（本人私物）

High quality goods

26 ルイヴィトンのスーツケース

サイズ MMとPM

27 エステラケーの水着

28 ミッフィーの前髪カーラー

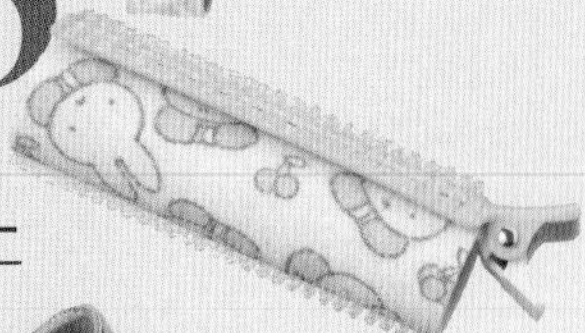

29 ピエールマントゥー 30デニール ストッキング

30 ロンハーマン×マノロブラニクのパンプス

30

通常のマノロより甲が浅くて、脚がより長く見える。見つけたら要Check。黒、グレー、茶のベーシックカラーとグリーンを愛用。大人の女性の魅力を高めてくれる永遠のスタンダード。（本人私物）

29

レディな洋服にベストなのが30デニール。50〜60デニールがベーシックで、80デニールはカジュアルに。デニールでの見え方の違いを意識しています。ピエール マントゥー ベルーティン30（stella）

28

前髪を押さえたい日ではなく、ふんわりさせたい日に。内側に金属が仕込まれ、つけた後ドライヤーの熱風を当てるとカールが綺麗に決まります。MF 前髪カーラー〈チェリー〉（粧美堂）

27

水着の購入場所がわからない大人に推したい、エステラケーのワンピース。170cmの高身長にも合うオシャレなものが見つかり、毎年新調! 写真の水着は肩でサイズ感が調整可。（本人私物）

26

20年以上愛用。丁寧にショップのメンテナンスにも出して、使うほどに味が出てきました。ヴィンテージっぽくなった姿も可愛い。使うたび買ってよかったと思うさすがの名品。（本人私物）

コスモパック L型

32

31

イオンドクターの
シルクウォーマー

33

高橋ミカさんの腹巻

High quality goods

34

TNOC
THE WARM
SOCKSの靴下

35

ステートオブエスケープの
トートバッグ

35

バドミントンのラケットまで入るビッグサイズで、子どもとの外出にザクザクものを入れられます。汚れたらジャブジャブ洗えて、かれこれ5年くらい愛用中。日常使いに最適です。（本人私物）

34

指の一本一本まで温まる幸せソックス。毛足の長い裏起毛で、魔法瓶のように2層の空気層で温める、北海道の寒冷地仕様なのも納得の一足です。TNOC THE WARM SOCKS（TNOC hokkaido）

33

モデル仲間の情報で購入。シルクの肌触りがよく、薄くて圧迫感がなくよく伸びストレスフリー。洋服の中につけても響きません。寒い日の就寝時に愛用しています。シルク腹巻（ミッシーリスト）

32

ベッドルームに置いている遠赤外線温熱器。体の芯までじんわり。背中やお腹に当てタイマーをつけて温まりながら就寝。これがないと困ります! 旅行にも持参。コスモパックL型（日本遠赤）

31

秋冬は移動中、メーク中、自宅と手放せません。保温性抜群で軽くて締めつけ感なし。太めのブーツやデニムの下に仕込めて、着脱も楽。イオンドクター シルク足首ウォーマー（ジェイ・エス）

High quality goods

36

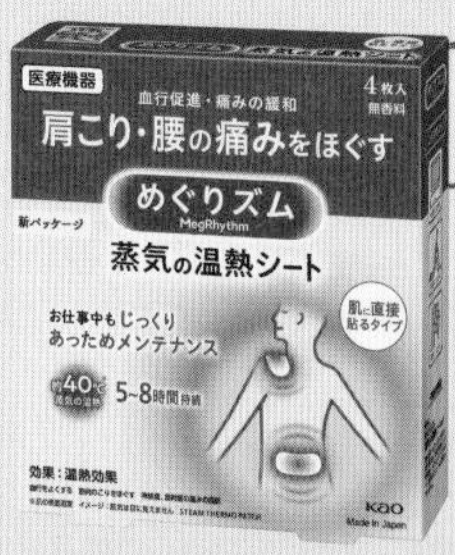

めぐりズムの
温熱シート

37

光電子®
着圧ソックス
「kyasharin」

38

齋藤薫さんの書籍
『美人だけが知っている
100の秘密』

39

masyomeの
玄米カイロ

40

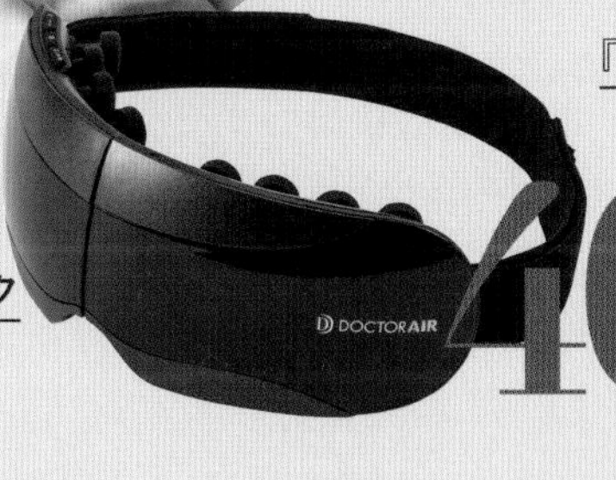

3Dアイマジック
タッピング

40

目の周りを人の指先のような感触で、優しくタッピングしてほぐしてくれて、小鳥のさえずりのBGMも面白い癒しグッズ。面白くて息子と取り合いに。3Dアイマジック タッピング（ドクターエア）

39

リビングに置いてある天然保温グッズ。電子レンジで温めて繰り返し使います。玄米独特の香ばしい香りが広がり落ち着き、局所に密着。masyome「玄米カイロ」（J-フロンティア・インベストメンツ）

38

これを開くと心まで美しくなれたと思えるバイブル。何度読んでも唸る内容です。女性としてこうありたいといつも思わせてくれる一冊。『美人だけが知っている100の秘密』（角川春樹事務所）

37

脚を出す前日に履きます。むくみやすい人にも最適。360デニールのハイサポートで、遠赤外線輻射繊維の光電子®を使用。光電子®着圧ソックス《kyasharin／キャシャリン》（サウルス）

36

冬は起床後部屋が暖まるまで、これを肌に直貼り。外出先でも服に響きません。段ボールでまとめ買い。めぐりズム 蒸気の温熱シート 肌に直接貼るタイプ 4枚入［一般医療機器］（花王）

Column

最愛の宝物、息子からママへ、ママから息子へ――

母になって11年。息子への深い愛情や、新しい感動がある日々に幸せを感じます。モデル美香として、いち女性としていつも楽しくいられるのは、息子という何よりの心の支えのおかげ。

COLUMN

生まれてきてくれてありがとう。あなたがいるから、私は仕事も、生活も、全力で楽しめているよ！

とにかく明るいあなたがいるから、我が家はいつも明るいね。この11年寝込むような風邪をひいたこともなく、びっくりするくらい健康に育ってくれたのが何より一番嬉しいよ。来年はいよいよ中学生だね。仲間を大切に、好きなこと、夢中になれることにたくさん出会って、いろんなことに挑戦してください。あなたがどんな大人になるか楽しみです。これからもずっと、一番そばで応援してるよ!

From美香

どんなに忙しくてもいつもお弁当を作ってくれてありがとう！

お母さんの良いところは、ご飯が美味しい、よく笑う、みんなと仲良し、いつも本当に楽しそう。なんでこんなにお母さんは元気なんだろうと思って見てるよ。今は反抗期だからあんまり文章がうまく書けないけど、本の発売おめでとう。

From息子

Chapter 7

ワクワクスポットだけ！

Thank you東京！な

美香の Moogle Map

北海道から上京して、気がつけば24年。

キラキラとワクワクが詰まった

東京という街は刺激的で、たくさんの思い出とともに

愛と感謝で彩られた、輝き続ける大切な場所。

今もことあるごとに、「やっぱり東京最高! ありがとう!」

と心の中で思っています。

その中から特に好きなエリアをご紹介♡

せっかくの東京
楽しみ尽くそ♡

OMOTESANDO and AOYAMA

表参道&青山

上京してから一番時間を過ごしている東京のマイホームタウン♡

私の東京生活を語るうえで絶対に外せないのが、ここ表参道&青山エリア。日本で一番、表参道の交差点が好きと言っても過言ではないかも（笑）。上京した当初から、ずっとこの界隈で過ごしてきました。事務所もあるし撮影などで訪れる機会も多いうえ、サロンやカフェなど、私を作るすべてがここに。ベースでありホームであり、数えきれないほど来ているのに、いまだにテンションが上がるパワースポット♡ 華やかで、可愛さと大人モードなトレンドがMIXしていて、来るたびポジティブな気持ちになれるんです。モデル仲間や大好きな人たちと集うときも必然的にこの辺りが多いです。ファッションから食、美容まで。すべてが詰まったこの街が本当に大好き！

MY COORDINATE IS...

表参道で過ごす日のコーデは…

Tops:
self-portrait
Bottoms:
rokh
Shoes:
ALAÏA
Bag:
J&M DAVIDSON

お買い物に美容メンテといろいろアクティブに予定を詰め込むので、動きやすいデニムコーデで。オシャレなカフェでも映えるように甘要素は忘れずに♡

目的別！表参道&青山カフェマップ

1 THE BELCOMO

青山に誕生した新たなシンボル

使い勝手の良さも魅力。住所：東京都港区北青山2-14-4 4F ☎：03-6271-5429㊑：朝8:00〜10:30／昼11：00〜15：00／夜日〜木17：00〜22：00 金土〜23：00

2 カフェ&ダイニング ゼルコヴァ in Strings Hotel

NY風の可愛い内装 駅直結で便利！

季節ごとに変わる! 可愛いアフタヌーンティー。打ち合わせにも重宝。住所：東京都港区北青山3-6-8 ザ ストリングス 表参道1F ☎：03-5778-4566 ㊑：昼11：30〜17：00 夜17：00〜22：00 定休日：無

3 CICADA

都会の真ん中でリゾート気分

まるで海外にいるようなハイセンスなお店は女子会の定番スポット。料理もオシャレで美味しい。住所：東京都港区南青山5-7-28 ☎：03-6434-1255㊑：昼11：30〜16：00／夜17：30〜23：00 定休日：無

4 TWO ROOMS GRILL / BAR

開放感溢れるテラスが指定席！

住所：東京都港区北青山3-11-7 AOビル5F ☎：03-3498-0002 ㊑：昼平日11：30〜14：30 夜17：30〜22：00／ブランチ 11：00〜15：00／カフェ14：30〜17：30／ラウンジ&バー 11：30〜26：00（月〜23：00土11：00〜）日祝11：00〜22：00 定休日：不定休

5 COEL cafe

ファッションも食も同時に叶う場所

モデル仲間のヨンアが手がけるお店は、ショッピングのかたわらお茶利用もできるので使い勝手抜群。気軽に立ち寄れるのも嬉しい! 住所：東京都港区南青山5-4-27 1F ☎：070-4441-9857 ㊑：11：00〜20：00 定休日：不定休

6 フランセ表参道本店

「フランセパニエ」を指名買い♡

一度食べたらやみつきになるパニエは、自分用プラス手土産にも喜ばれるので、いつもまとめ買い。住所：東京都港区南青山5-6-3 メーゾンブランシュⅡ 2F ☎：03-6427-2240㊑：11：00〜19：00 定休日：不定休

美香の“美”は表参道で作られる！

表参道は美容のメッカ。多数のビューティスポットが点在していて、トレンドの発信地でもあるからこまめにチェックします。私の行きつけのサロンやクリニックも、気がつけば表参道に集結! そのためOFFの日の美容Dayはずっとこの界隈をウロウロ…。最新の美容情報も知れるから、いるだけでもキレイになれてアガっちゃいます。

＼ ロケはここ ／

7 レカルカ
クリニック表参道

圧倒的な信頼感！
再生医療で美肌

商品だけではなくクリニックにも通って美肌作りを。住所：東京都港区南青山5-6-24 2F ☎：03-6427-4190㊟：11：00～19：00（最終受付18：00）休診日：火

☑ 美肌の守り神♡

月に1～2回の頻度で定期的に訪問。元々基礎化粧品が好きでそこからクリニックに派生。効果もわかりやすくて◎。最新の美容医療が受けられます。

☑ お気に入りの施術は？

「ボラージェン」と「ジェネシス」はダウンタイムもなくお肌がキュッと引き締まって即効性アリ。疲れているときはオリジナルの「ドクターB点滴」も。

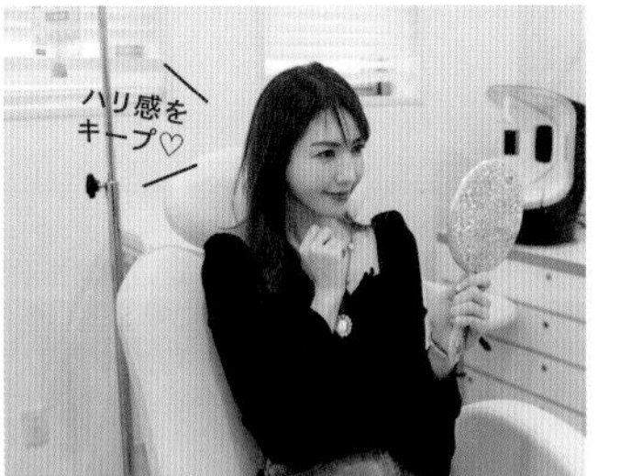

他の行きつけサロンはこちら

10 INFINEEZ

癒し効果抜群のヘッドスパ

「PAUL SCERRI トリートメント・筋膜ヘッドマッサージ付コース」がオススメ。疲れたときのリフレッシュとして。住所：東京都港区北青山3-10-11 1F、B1☎：03-6433-5773㊖：10：00～20：00 定休日：年末年始

9 THE CONRAT by MAISON DE HARU

定番白フレンチネイルはここで

ハンドはずっと白フレンチ。その分フットで遊びをプラス。丁寧で綺麗な仕上がりに大満足。住所：東京都港区南青山2-11-11 3F☎：03-6804-2181㊖：平日11：00～21：00 土～22：00 日～19：00 定休日：無

8 1d by SUNVALLEY

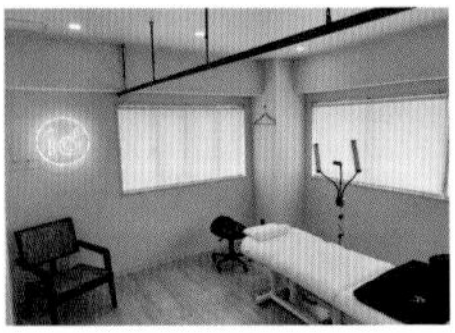

効果抜群！幹細胞培養液にハマり中

ヒト幹細胞培養液を肌に届ける無針水光注射やスカルプケアなどが手軽にできるので撮影前に。住所：東京都港区南青山5-4-51-201 ☎：03-6427-3805㊖：水～金10：00～20：00 土～19：00 日祝～18：00 定休日：月火

一日アクティブに

お茶も買い物も美容も全部できちゃう！

美香の表参道1Dayスケジュール

8:00

息子を送り出し、準備開始。OFFの日もアクティブに！

8:30

『THE BELCOMO』でオシャレモーニングを

『青山グランドホテル』に入るアイコニックで、外せない溜まり場。

10:00

仲良し『SUNVALLEY』でいつものヘアメンテ

髪は全部お任せ♡ 私のすべてを知る、信頼できるヘアサロン。

11 SUNVALLEY

撮影でもお世話になっています! 住所：東京都港区南青山5-2-12 B1 ☎：03-6427-3807㊒：水金10：00〜20：00 木土〜19：00 日祝〜18：00 定休日：月火

11:30

サイズ感も良い。喜ばれ系手土産をPick Up！

優しい甘さが嬉しい和菓子。和ベースの内装も素敵でほっこり。

12 HIGASHIYA man

お渡しした人、みんなが笑顔になる「棗バター」はMy手土産の鉄板商品。住所：東京都港区南青山3-17-14 ☎：03-5414-3881 ㊒：11：00〜19：00 定休日：無

12:00

『CICADA』で仲良し女友達と華やぎランチ♡

開放的でオシャレな雰囲気も最高。華やか地中海料理が楽しめる!

14:30

コスキチで最新オーガニックコスメをチェック

ナチュラルオーガニックのセレクトショップは、いるだけでも楽しい。

13 CosmeKitchen OMOTESANDO店

メークやライフスタイルものまで揃う。随時更新される、最新のオーガニックアイテムは毎回チェック! 住所：東京都港区南青山3-18-19 1、2F☎：03-6812-9087 ㊒：11：00〜20：00 定休日：無

15:00

最愛ブランド、ダブスタでトレンド服をゲット

プレスルームも行くけどリアル店舗もこまめにチェックしています。

14 DOUBLE STANDARD CLOTHING

昔から大好きな美香的必須ブランド。近くへ行くと立ち寄ります。住所：東京都渋谷区神宮前4-12-10 B1 ☎：03-6434-0772㊒：月〜土11：00〜21：00 日祝〜20：00 定休日：表参道ヒルズに準ず

15:30

『FUGA』で自宅に飾る用のお花を購入して帰宅

昔から、お花が大好き! おうちには常にお花を飾るように。

15 FUGA

センスのいいお花や植物が揃うのでプレゼント用にもよく購入。住所：東京都渋谷区神宮前3-7-5 ☎：03-5410-3707㊒：月水金13：00〜19：00 火木土日11：00〜18：00 定休日：無

パワーチャージ完了！

16 H BEAUTY&YOUTH

オールマイティに使えるSHOP

カジュアルからシックまでユニセックスで揃う万能なユナイテッドアローズのコンセプトストア。住所：東京都港区南青山3-14-17 ☎ 03-6438-5230 ㊋：平日12：00～20：00 土日11：00～20：00 定休日：無

17 ニコライ バーグマン フラワーズ & デザイン フラッグシップ ストア

花と植物に囲まれたオシャレカフェ

フラワーショップ併設のカフェは森の中にいるような雰囲気で落ち着くんです。ヘルシーなメニューも魅力的。住所：東京都港区南青山5-7-2 ☎：03-5464-0824 ㊋：10：00～19：00 定休日：不定休

18 “SOMETHING & ASSOCIATES” c/o OFF-WHITE™ TOKYO

エッジの効いたデザインに夢中

カジュアルなスタイルも好きで、パーカーなどをよく購入。ヘアサロンが近くなので頻繁に訪れているかも。住所：東京都港区南青山5-2-13 R2B棟 ☎：03-6712-6839 ㊋：12：00～20：00 定休日：不定休

19 CELFORD

大人可愛いスタイルの大定番

プライベートでもこまめにチェックするブランド。住所：東京都渋谷区神宮前4-12-10 表参道ヒルズ本館B1 ☎：03-6721-0370 ㊋：11：00～21：00 日～20：00 定休日：表参道ヒルズに準ず

20 FRAY I.D

BEST BUY アイテムの宝庫

行くと必ず欲しいアイテムが見つかります。住所：東京都渋谷区神宮前4-12-10 表参道ヒルズ本館B1 ☎：03-6804-6287 ㊋：11：00～21：00 日～20：00 定休日：表参道ヒルズに準ず

21 ジョー マローン ロンドン

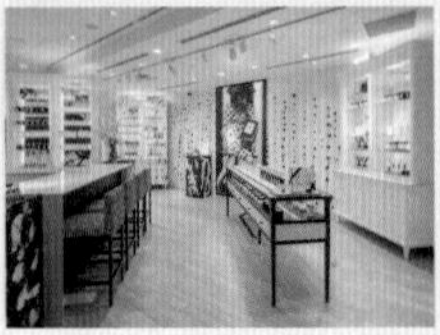

ふわりと良い香りを忍ばせて…♡

香りもテクスチャーも全部好き！ ヘアミストやボディケアを。住所：東京都渋谷区神宮前4-12-10 表参道ヒルズ本館1F ☎：03-5413-5074 ㊋：11：00～21：00 日～20：00 定休日：表参道ヒルズに準ず

美香の行きつけ表参道Shopping Map

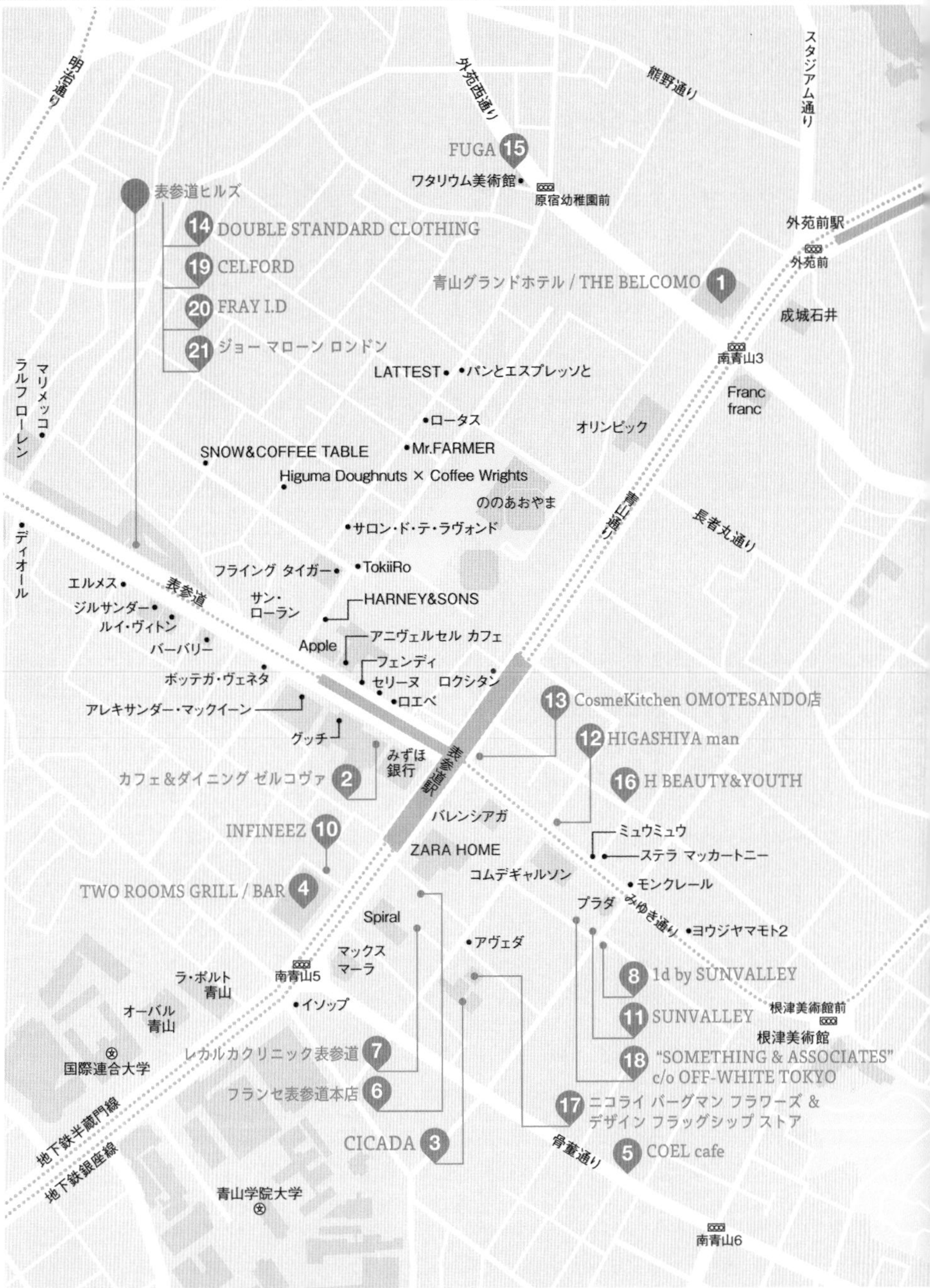

GINZA and MARUNOUCHI

銀座＆丸の内

最近行く機会急増中。大人になったからこそ楽しめるアガる街！

実は数年前まで、そこまで足を運んでいなかった銀座・丸の内エリア。でもここ最近は高頻度で通っています。お洋服などの買い物はもちろんのこと、ハイブランドからデパ地下の食料品まで何でも揃っちゃうのも魅力の一つ。手土産を購入するのも最近は銀座エリアが多いかも。あとは外資系のホテルが点在しているのも最高！独特の品があって、凛とした空気が大好きで。大人になった今だからこそ気づける良さと、まだまだ背伸びをしたい思いが共存する特別な街。でもようやく、この街に似合う女性になれてきたのかな？

銀座で過ごす日のコーデは…

MY COORDINATE IS…

Dress : *RED Valentino*
Shoes : *JIMMY CHOO*
Bag : *PRADA*
Headband : *ALEXANDRE DE PARIS*

銀座で女子会ディナーの日はレディライクなスタイルで。甘さを残しながらも、きちんと感は忘れない。リトルブラックドレスには赤いバッグを差し色に。

22 NAMIKI667

銀座の魅力を存分に享受♡

「ヴィーガン プリン・ア・ラ・モード」も華やかで可愛い♡　住所：東京都中央区銀座6-6-7 ハイアットセントリック 銀座 東京 3F ☎：03-6837-1300 ㊥：朝07：00～11：00／昼11：30～14：30／夜18：00～22：00 定休日：無

映えカフェから老舗ごはんまで。食べたいグルメがなんでも揃う

23 資生堂パーラー 銀座本店 サロン・ド・カフェ

ストロベリーパフェにキュン♡

乙女心を摑まれる上品な甘さのパフェは絶品。住所：東京都中央区銀座8-8-3 東京銀座資生堂ビル3F ☎：03-5537-6231（予約不可）㊥：火～土 11:00～21:00日祝 11：00～20：00 定休日：月（祝日は営業）年末年始

24 銀座・和光 アネックス ティーサロン

大人上品な空間で優雅な時間を

1階はケーキ&チョコレートショップ、2階はティーサロンに。住所：東京都中央区銀座4-4-8 和光アネックス2F☎：03-5250-3100㊥：10：30～19：30（月～土 L.O.19：00日祝 L.O.18：30）定休日：無（年末年始を除く）

25 銀座天龍 本店

大きな「焼き餃子」がたまらない♡

大きな餃子は食べ応え抜群! 一人でサクッとランチに来ることもアリ。住所：東京都中央区銀座2-5-19 PUZZLE GINZA 4F ☎：03-3561-3543 ㊥：平日 11：00～21：30 土日祝 11：30～21：30 定休日：年末年始

26 YAUMAY

オシャレで美味しい点心で盛り上がる

見た目だけでなく味もGood! 女子ウケ抜群の中華。住所：東京都千代田区丸の内3-2-3 二重橋スクエア2F☎：03-6269-9818 ㊥：平日昼11：30～15：00／夜17：00～22：00土日祝11：00～22：00 定休日：不定休

27 TexturA

華麗なる中華とスパニッシュの融合

新ジャンルで話題のオシャレな美食レストラン。住所：東京都千代田区有楽町1-7-1 1F ☎：03-6259-1144 ㊥：レストランエリア 昼12：00～15：30／夜17：30～23：00 定休日：月（祝日の場合は翌火曜）

28 大衆割烹 三州屋 銀座本店

オーソドックスな定食屋でランチ

知る人ぞ知る銀座らしい老舗感が溢れるお店。特に海鮮が美味しくてお刺身系の定食が◎。住所：東京都中央区銀座2-3-4 ☎：03-3564-2758 ㊥：月～木 10：30～22：00 金・祝前日 10：30～22：30 土10：30～21：30 定休日：日

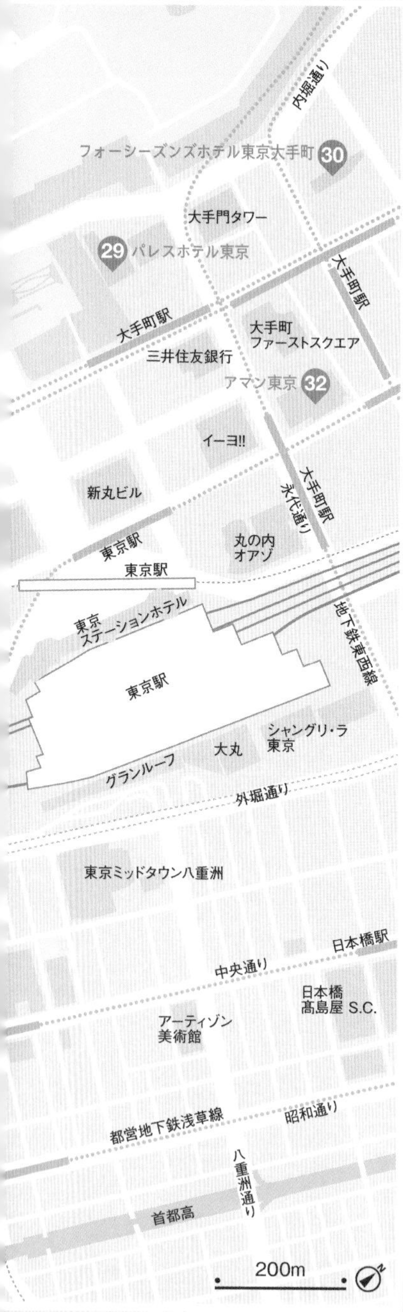

29 パレスホテル東京

華やかな雰囲気に心洗われる場所

一歩足を踏み入れると、自然と心身ともに華やぐ場所。1階のオールダイニング「グランドキッチン」のテラス席に晴れた日は女友達と集合! 住所：東京都千代田区丸の内1-1-1 ☎：03-3211-5211

30 フォーシーズンズホテル東京大手町

大都会の真ん中で贅沢ステイ♡

東京の圧巻の絶景を眺められるお部屋は頑張った自分へのご褒美として。息子と一緒にステイすることも。住所: 東京都千代田区大手町1-2-1 ☎: 03-6810-0600

31 ザ・ペニンシュラ東京

愛犬との時間も優雅に楽しめる

愛犬と一緒に宿泊できる、「ドッグステイプログラム」がとにかく最高で、息子と泊まるときにtiaを連れてリピート中♡　住所：東京都千代田区有楽町1-8-1 ☎：03-6270-2888

32 アマン東京

都会のオアシスで絶景ヌン活

エントランスに入った瞬間から感じられる圧巻の雰囲気で、女友達とアフタヌーンティー。東京の絶景はため息もの…♡　住所：東京都千代田区大手町1-5-6 大手町タワー ☎：03-5224-3333

33 銀座三越

何時間でも夢中♡私の中の遊園地

好きな物ばかりが集まっている夢のような場所。地下1階から上のフロアまで基本的にすべて網羅。住所：東京都中央区銀座4-6-16 ☎：03-3562-1111 ㊝：10：00〜20：00 定休日：不定休

34 松屋銀座

魅力的なラインナップに心が躍る

王道百貨店の雰囲気が好きで必ず立ち寄る場所。住所：東京都中央区銀座3-6-1 ☎：03-3567-1211㊝：10：00〜20：00（日・連休最終日〜19：30）定休日：不定休

35 バーニーズ　ニューヨーク銀座本店

銀座で外せないチェックポイント

高級感のあるセレクトが好きで、ベーシックなアイテム探しはやっぱりここへ。住所：東京都中央区銀座6-8-7 交詢ビル 📞：0120-137-007 ㊝：11：00〜20：00 定休日：不定休

36 GINZA SIX

私の推しすべてアリSHOPの宝箱!

入っているブランド、すべてがツボで魅力的♡
住所：東京都中央区銀座6-10-1 ☎：03-6891-3390 ㊝：SHOP&Café 10：30〜20：30／レストラン 11：00〜23：00 定休日：不定休

37 ビックカメラ有楽町店

美容系ガジェットに熱視線

撮影で訪れて以来すっかりハマってしまい、美容系を始めとした最新家電にも興味津々! 住所：東京都千代田区有楽町1-11-1 ☎：03-5221-1111 ㊝：10：00〜21：00 定休日：無

大好きホテルにお買い物スポット

1日いても飽きない銀座寄り道Map

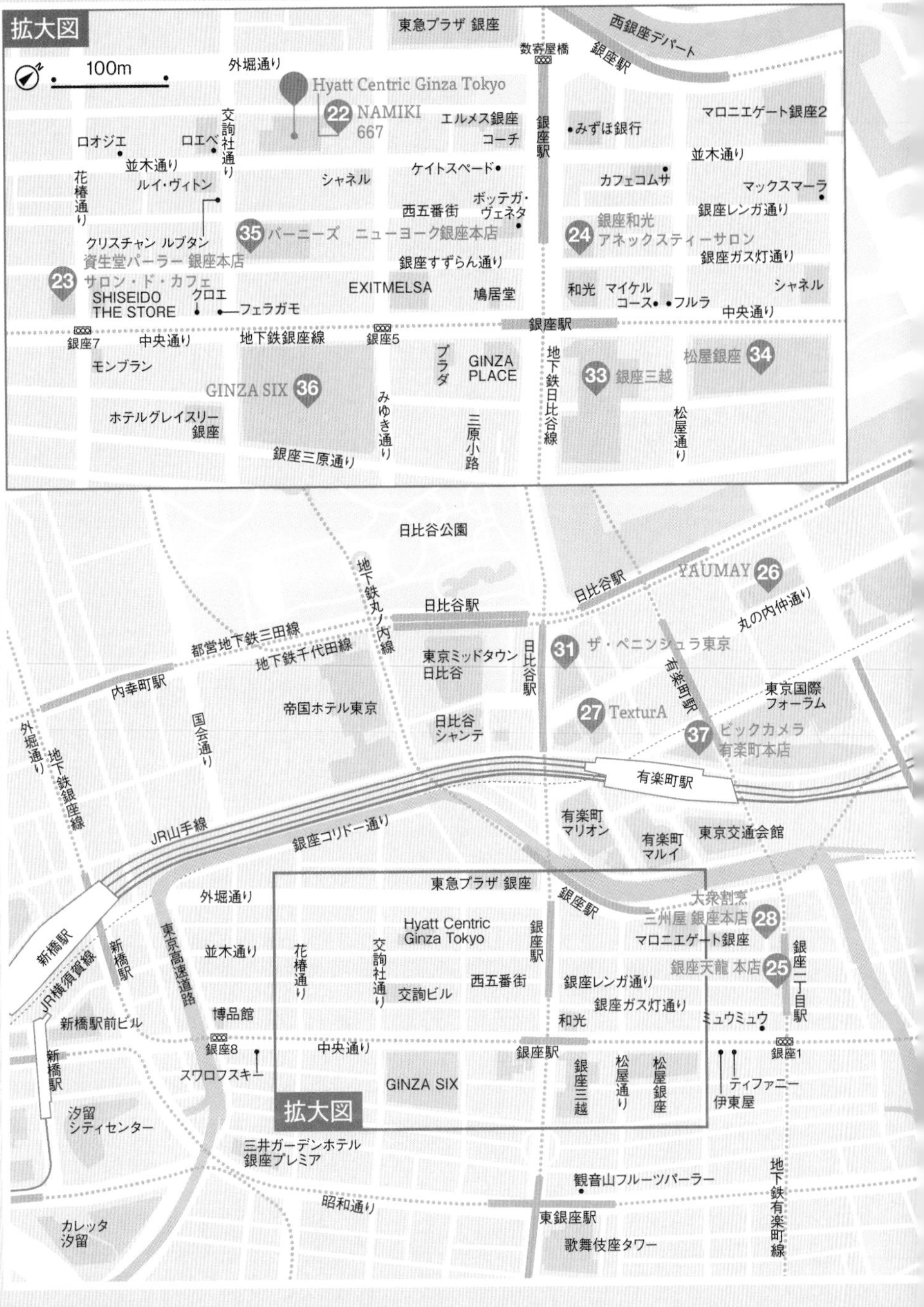

Epilogue

『47歳・モデル美香の「一生美人」本』を手にとってくださった皆さま、ありがとうございました。〝一生美人〟。強気なタイトルをつけてしまいましたが、私は、美しさは〝思い〟で作られると信じています。美しさとは形あるものではなく、その人が持つ空気や思いです。若さは誰しも失われていくものですが、美しさは年齢を重ねてもずっと育てられ、いくつになっても更新も変化もできます。なんかいいかも！　なんか好きかも！　そんな毎日の小さなワクワクが、明るく美しい人生を作ると思っています。私自身、11年ぶりの美香本作りは、モデルとしても母としても、今まで積み重ねてきた豊かな時間があったからこそ成り立つ、タイムリーで特別なものだったと実感しています。制作中は〝こんなことを紹介できたらいいな〟と自分の中でいろいろなアイデアが湧いてきたり、ものを見る視点が変わって情報収集に夢中になったり。自分自身の変化を楽しむことができました。47歳になっ

美しさは思いで作られる。“一生美人”な気持ちで人生楽しもう

た私だからこそ発信できる情報を、愛と一緒に届けられていたらこんなに嬉しいことはありません。もうすぐ50歳。人生は無限ではなく有限です。泣いても笑っても時間は平等。幸せは目の前にたくさんあります。一生美人な人生をみんなで楽しみましょう♡

最後に。プロポーズ級の言葉で11年ぶりの書籍出版の決意をさせてくれた美ＳＴ統括編集長桐野さん、慌てる私をしっかり導いてくれた編集浜野ちゃん、癒し系ライター美智子さん、元気いっぱいライターマキちゃん、大好きなカメラマンソネット、センス抜群カメラマン三瓶ちゃん、親愛なるスタイリスト井関ちゃんとアシスタントりなちゃん、神の手なヘアメーク岡野さん、私に自信をくれるヘアメークＭＡＫＩちゃん、アガるデザインを組んでくれたデザイナー寺尾さん、にっこりアシスタントのキッカワさん山田さん稲垣さん、完全サポートマネージャーのともこ&飯田ちゃん、本当に本当にありがとうございました！

約10か月
駆け抜けました

Shop list

CREAM.　info@guteee.tokyo
クナイプジャパン お客様相談室　0120-428-030
クリスティーナクリニック銀座　☎03-6271-0913
クレイツ　0120-33-9012
クレ・ド・ポー ボーテ お客さま窓口　0120-86-1982
倉崎海産　☎082-823-0144
グランドフードホール芦屋本店　☎0797-35-2020
ケサランパサラン カスタマーセンター　0120-187178
ケラスターゼ　☎03-6911-8333
コスメデコルテ　0120-763-325
コロネット　☎03-5216-6518
コンバースインフォメーションセンター　0120-819-217
コーセーお客様相談室　0120-526-311
工房阿蘇ものがたり　☎0967-22-1475
ゴディバ ジャパン　0120-116811
権太呂食品　0120-341-665

サ

SUNVALLEY　☎03-6427-3807
サウルス　0120-469-289
サンタ・マリア・ノヴェッラ銀座　https://jp.smnovella.com
佐藤商事　☎03-5218-5338
CIVASAN JAPAN　https://civasanjapan.com/
Shinryo Healthcare　0120-070757
SHOLAYERED　☎03-3780-0825
sirocono　☎03-6850-7766
シスレージャパン　https://www.sisley-paris.com
シュウエイトレーディング　☎03-5719-0249
シロ カスタマーサポート　0120-275-606
資生堂お客さま窓口　0120-81-4710
粧美堂　☎03-3472-7896
食文化　☎050-5213-9266
GENDY　☎03-6712-6890
GMコーポレーション カスタマーサポートセンター　0120-66-7170
JÉRÔME cheesecake GINZA　☎03-6281-4870
J-フロンティア・インベストメンツ　shop@masyome.shop-pro.jp
ジェイ・エス　0120-058-258
ジミー チュウ　0120-013-700
ジョエルロティ　☎06-6300-7920
ジョンマスターオーガニック　0120-207-217
ジョー マローン ロンドン お客様相談室　☎0570-003-770
ジルスチュアート ビューティ　0120-878-652
潤子ララビュール　0120-105-112
Smart Lab　https://www.lulumilk.com/
SNIDEL BEAUTY　info@mashbeautylab.com
SNIDEL ルミネ新宿2店　☎03-3345-5357
stella　☎03-3523-9048
styling/ ルミネ新宿1店　☎03-6302-0213
SUQQU　0120-988-761
THREE　0120-898-003
スキンケアファクトリー　0120-055-033
CELFORD ルミネ新宿1店　☎03-6279-4750
セザンヌ化粧品　0120-55-8515
セルヴォーク　☎03-3261-2892
セントネーションズ　☎03-3780-0825
盛邦貿易　☎092-410-3348
soluno（ソルーノ）　customer@soluno.jp

タ

TAISHO BEAUTY お客様相談センター　0120-160-901
タカミお客さま相談室　0120-291-714
タマチャンショップ　0120-385-246
ちだま農園　https://chidama-farm.com/contact/
TNOC hokkaido　https://tnoc.jp/
ティファニー・アンド・カンパニー・ジャパン・インク　0120-488-712
トスカニー　https://www.tuscany.co.jp/contact/

ア

ADDICTION BEAUTY　0120-586-683
agricoeules　shodai.macaron@impression.com
Amplitude　0120-781-811
athletia　0120-220-415
RMK Division　0120-988-271
アイ・ティー・オー　0120-31-6588
アインファーマシーズ　0120-090-030
アヴィナス・ミネコラ　0120-066-369
アビステ　☎03-3401-7124
アンジェ web shop　info@angers-web.com
アンテプリマジャパン　0120-03-6962
秋田屋本店　0120-82-8138
浅野撚糸　0120-444-242
イヴ・サンローラン・ボーテ　0120-526-333
イスクラ産業 お客様相談室　☎03-3281-3363
イセタンサローネ 東京ミッドタウン　☎03-6434-7975
イミュ カスタマーセンター　0120-371367
イーラル お客様相談室　0120-36-1186
石見食品工業所　☎06-6705-6820
uka Tokyo head office　☎03-5843-0429
うちゅうブルーイング　c@uchubrewing.com
Virgo　info@voomjapan.com
EKATO.　https://ekato.online
endear spa　☎03-6409-6975
LGエレクトロニクス・ジャパン カスタマーセンター　0120-407-722
MK3&Co.　http://www.m-f-n.tokyo/
MTG　0120-467-222
エイトン青山　☎03-6427-6335
エコール・クリオロ　https://ecolecriollo.com/contact/
エスオーシー　0120-17-4132
エステプロ・ラボ　0120-911-854
エステラケー　☎03-5413-1731
エッセンシャルズ　https://www.vertueux.com
エムコーポレーション　info@stembeaute.jp
エリクシールお客さま窓口　0120-770-933
エレガンス コスメティックス お客様相談室　0120-766-995
江崎グリコお客様センター　0120-917-111
OKASHIYA　https://okashiya.co.jp/
オホーツクビール　☎0157-23-6300
オンワード樫山　☎03-5476-5811
近江牛専門店かねきち　https://www.29-kanekichi.com/
乙部追分ブリューイング　☎0139-56-1265
御箸司 市原平兵衛商店　☎075-341-3831

カ

CHARIS&Co.　0120-67-3555
Karma Drinks NZ（Kia Ora Organics）　https://www.kiaoraorganics.com/
カデュネ プレスルーム　☎03-6863-0100
カネボウ化粧品　0120-518-520
カバーマーク カスタマーセンター　0120-117133
花王（アルブラン）　0120-165-691
花王（入浴剤）（めぐりズム）　0120-165-696
菓子工房ルスルス 浅草店　☎03-6240-6601
角川春樹事務所　☎03-3263-5881
ガリャルダガランテ 青山店　☎03-6427-2126
キールズ　0120-493-222
紀州有田みかんの早和果樹園　0120-043-052
北の快適工房　☎0570-55-0717
共立ドクターズラボ　https://kujime.org/
銀座 菊廼舎　☎03-5658-7918
CHRISTINA JAPAN　☎03-6812-9867
CLASSIC INC.　https://www.instagram.com/corridor_cannele/

葡萄畑ココス ☎072-927-9132
プロティア・ジャパン https://livactive.com/contact
ヘインズブランズ ジャパン カスタマーセンター 0120-456-042
ホリ乳業 https://horimilk.co.jp/
ボナベンチュラ ☎050-3204-4803
ポーラお客さま相談室 0120-117111
マ MY HONEY 0120-8383-52
マルー大野海苔 0120-155807
マンダム お客さま相談室 0120-37-3337
丸成商事 ☎03-3994-5111
me https://maroa.co.jp/contact/
Mila Owen ルミネ新宿2店 ☎03-6380-1184
mukii 0120-469-289
ミッシーリスト info@mishii-list.com
ムクリ mukuri.kurashi@gmail.com
ムーンバット https://kokode.jp
向島 志"満ん草餅 ☎03-3611-6831
無印良品 銀座 ☎03-3538-1311
村上美術 ☎03-5725-1210
メイクアップフォーエバー ☎03-3263-9321
MORPHO BEAUTY ☎03-5843-1554
ヤ ヤクルトお客さま相談センター 0120-11-8960
ヤーマン 0120-776-282
山口ビューティーメソッド ☎03-6820-8062
邑(ゆう) 0120-161-041
ラ ラキスプリード https://neluka-suimin.myshopify.com/
ラ・クリニエール https://jcrochoux-store.jp/pages/contact
ラリン ジャパン カスタマーセンター info@laline.jp
ラングレー ☎03-6450-2390
ランコムお客様相談室 0120-483-666
LILAY(ピープル) ☎03-5774-5565
LILY BROWN ルミネエスト新宿店 ☎03-6457-8555
リジュベネーション 0120-3096-55
リディア ☎03-3797-3200
リトル・サイエンティスト ☎0586-62-8035
リビング・マーケティング https://aromafrescojp.com/
ルック ☎03-6439-1647
ルベル/タカラベルモント 0120-00-2831
レイジーワークス https://www.apothia.jp/
レカルカ ☎03-6432-4354
レカルカクリニック ☎03-6427-4190
レストランピーター ☎0266-72-7542
ロジェ・ヴィヴィエ・ジャパン 0120-957-940
ロート製薬 お客さま安心サポートデスク(デオコ) ☎06-6758-1230
ローネジャパン https://agetuya.com/contact/
ローラ メルシエ ジャパン 0120-343-432
ワ 和光 ☎03-5250-3101

富永貿易 https://manukahealth.jp/
ドクターエア 0120-05-8000
ドクターズコスメYC https://www.online-yc.com/
ナ NARS JAPAN 0120-356-686
Nuzzle 0120-916-852
中野製薬 お客様相談センター 0120-075570
ニールズヤード レメディーズ 0120-316-999
肉のたかさご https://www.yakibuta.jp/
日邦薬品工業 ☎03-3370-7174
日本遠赤 ☎0573-82-2508
ネイチャーラボお客さま窓口 0120-880-337
乃し梅本舗 佐藤屋 ☎023-622-3108
ハ HACCI 0120-1912-83
ハウス オブ ローゼ お客様相談室 0120-12-6860
白扇酒造 0120-873-976
半澤鶏卵 0120-89-0141
BARAKA ☎03-5454-7200
burself ☎03-5453-1778
バルミューダ ☎0120-686-717
バロックス 0120-55-8694
バーニーズ ニューヨーク カスタマーセンター 0120-137-007
パルファム ジバンシイ〔LVMHフレグランスブランズ〕 ☎03-3264-3941
パルファン・クリスチャン・ディオール ☎03-3239-0618
ビジュードエム ☎03-6264-5436
ビタブリッドジャパン 0120-987-861
ビヨンクール ☎03-6804-5201
美・ファイン研究所 0120-393-903
BBIA Official JP Qoo10店 https://www.qoo10.jp/shop/bbia_official_jp
PEACH JOHN 0120-066-107
P&G お客様相談室 0120-021321
ピー・エス・インターナショナル ☎03-5484-3481
Fattoria Bio Hokkaido ☎011-376-5260
FATUITE https://fatuite.com/
FRAY I.D ルミネ新宿2店 ☎03-6273-2071
フィルム ☎03-5413-4141
フェルナンダ ジャパン ☎045-228-7789
フォーティーン ショールーム ☎03-5772-1304
フラワーレメディ(パークフィールド) https://www.flower-remedy.shop/
フレデリック・カッセル https://www.frederic-cassel.jp/
フローラノーティス ジルスチュアート 0120-878-652
ふつうのショップ 0120-596-039
ふるぅつふぁみり〜 https://www.instagram.com/family.tart
ふるや古賀音庵 ☎03-3378-3003
二上 ☎0766-23-8531
blender ☎03-5772-8550

<表紙>すべてスタイリスト私物<P.3>ブラウス（スタイリスト私物）イヤリング（アビステ）<P.7>ワンピース、帽子、ストール（すべてスタイリスト私物）バレエシューズ（レペット／ルック）バッグ（アンテプリマ/ワイヤーバッグ／アンテプリマジャパン）ネックレス（アビステ）<P.19>ブラウス（ネイヴ／オンワード樫山）デニムパンツ（Mila Owen）ピアス（本人私物）<P.20>シアーリブワンピース（トゥ／リディア）<P.22>ドレス（エステラケー）<P.31>ドレス（スタイリスト私物）イヤリング（アビステ）<P.33>ワンピース、シューズ（ともにスタイリスト私物）<P.38、39>リボンパンプス（ジミー チュウ）デニムジャケット、デニムパンツ（ともにネイヴ／オンワード樫山）タンクトップ（ヘインズ／ヘインズブランズ ジャパン カスタマーセンター）ピアス、ネックレス（すべてビジュードエム）<P.40>ニットカーディガン（FRAY I.D）ブラジャー（PEACH JOHN）デニムパンツ（本人私物）<P.42>カットソー（styling/）デニムパンツ（ダブルスタンダードクロージング／フィルム）イヤリング（カラットアー／イセタンサローネ 東京ミッドタウン）<P.43>トップス（スタイリスト私物）パンツ（styling/）スニーカー（コンバース／コンバースインフォメーションセンター）ピアス、リング［左手人さし指］（すべてビジュードエム）リング［左手薬指］（マム／ビヨンクール）<P.57>ブラウス（LILY BROWN）ピアス、リング（すべてカラットアー／イセタンサローネ 東京ミッドタウン）<P.58>ワンピース（ガリャルダガランテ／ガリャルダガランテ 青山店）ピアス、リング（すべてカラットアー／イセタンサローネ 東京ミッドタウン）<P.63>ブラウス（FRAY I.D）デニムパンツ（ダブルスタンダードクロージング／フィルム）ネックレス（カラットアー／イセタンサローネ 東京ミッドタウン）バッグ、パンプス、ピアス、リング（すべて本人私物）<P.64>ワンピース（FRAY I.D）ピアス、リング（すべてカラットアー／イセタンサローネ 東京ミッドタウン）バッグ、サンダル、ブレスレット（すべて本人私物）<P.65>ジレ、パンツ（ともにバーニーズ ニューヨーク／バーニーズ ニューヨーク カスタマーセンター）タンクトップ（スタイリスト私物）バッグ、パンプス、ピアス、リング、ブレスレット（すべて本人私物）<P.67>チュールボレロ、キャミソール（ともにスタイリスト私物）<P.69>ジレ（デザイナーズ リミックス／コロネット）ビスチェ（SNIDEL）<P.123>ギンガムワンピース（AVN／コロネット）ピアス（アビステ）<P.130>ニット、デニムパンツ（ともにFRAY I.D）ピアス（カラットアー／イセタンサローネ 東京ミッドタウン）エプロン（本人私物）スリッパ（スタイリスト私物）

STAFF

撮影
曽根将樹（PEACE MONKEY）
〈表紙、P.1、3、5、7、9、12〜69、
P.122〜167、P.180、181人物〉
三瓶康友〈P.10、P.95〜118人物〉
相澤琢磨〈P.169〜177人物〉
五十嵐 洋、大槻誠一〈ともに静物〉
石田純子〈複写、静物〉

ヘア・メーク
MAKI
〈表紙、P.1、3、5、7、9、12〜69、
P.122〜167、P.169〜177、P.180、181〉
岡野瑞恵（STORM）〈P.10、P.95〜118〉

スタイリスト
井関かおり

取材
金子美智子
三浦マキ〈P.168〜179分〉

デザイン
寺尾友里

地図製作
地図屋もりそん

マネジメント
鈴木智子、飯田陽子（ともにイアラ）

取材協力
稲垣綾香、キッカワ皆樹、山田正美、田中梨奈、
『美人百花』編集部、『Oggi』編集部
Sony Music Solutions Inc.

編集担当
浜野彩希

編集・発行人
桐野安子

47歳・モデル美香《みか》の
「一生《いっしょう》美《び》人《じん》」本《ぼん》

2023年5月10日　初版第1刷発行
2023年5月30日　　　第4刷発行

著者：美香
発行所：株式会社 光文社
〒112-8011 東京都文京区音羽1-16-6
編集部　03-5395-8202
書籍販売部　03-5395-8112
業務部　03-5395-8128
印刷・製本：共同印刷株式会社

ISBN978-4-334-95376-8